部分成果展示

获取模型

扫描模型

实体模型

镂空模型

一体化模型

拼装模型

镂空 + 晶格

设计案例

"十四五"高等职业教育装备制造类新形态系列教材

3D 打印成型典型案例

白晶斐　武新宇　邢阎艳◎主　编
王莲莲　黄斌斌　刘　雯　张束胜◎副主编
　　　　　　　　门正兴　王文斌◎主　审

中国铁道出版社有限公司
CHINA RAILWAY PUBLISHING HOUSE CO., LTD.

内 容 简 介

本书依据高等职业院校数字化设计与制造、模具设计与制造等相关专业教学需要，紧密贴合行业发展与教育政策，旨在普及 3D 打印知识，培养实践创新能力。全书从 3D 打印技术的基本原理出发，详细介绍了模型获取与成型、设计模型与成型、产品设计及 3D 打印成型案例等。通过图文并茂的方式，使读者能够轻松理解并掌握 3D 打印的核心技术。本书注重案例教学，引入了大量实际项目，帮助读者更好地将理论知识应用于实际操作中。

本书不仅适用于高等职业院校数字化设计与制造、模具设计与制造等专业的教学，也适合培训机构及广大 3D 打印技术爱好者使用。

图书在版编目（CIP）数据

3D 打印成型典型案例 / 白晶斐，武新宇，邢阎艳主编 . —北京：中国铁道出版社有限公司，2024.8
"十四五"高等职业教育装备制造类新形态系列教材
ISBN 978-7-113-31251-0

Ⅰ.① 3… Ⅱ.①白…②武…③邢… Ⅲ.①立体印刷 - 印刷术 - 高等职业教育 - 教材 Ⅳ.① TS853

中国国家版本馆 CIP 数据核字（2024）第 099917 号

书　　名：	3D 打印成型典型案例
作　　者：	白晶斐　武新宇　邢阎艳

策　　划：	曾露平	编辑部电话：（010）63551926	
责任编辑：	曾露平　许　璐		
封面设计：	刘　颖		
责任校对：	苗　丹		
责任印制：	樊启鹏		

出版发行：中国铁道出版社有限公司（100054，北京市西城区右安门西街 8 号）
网　　址：https://www.tdpress.com/51eds/
印　　刷：三河市国英印务有限公司
版　　次：2024 年 8 月第 1 版　2024 年 8 月第 1 次印刷
开　　本：787 mm×1 092 mm　1/16　彩插：1　印张：14.5　字数：335 千
书　　号：ISBN 978-7-113-31251-0
定　　价：48.00 元

版权所有　侵权必究

凡购买铁道版图书，如有印制质量问题，请与本社教材图书营销部联系调换。电话：（010）63550836
打击盗版举报电话：（010）63549461

前言

在数字化与智能化浪潮席卷全球的今天，3D打印技术以其独特的创新性和广泛的应用前景，正逐渐成为推动制造业转型升级和创新能力提升的重要力量。本书的编写，旨在为高等职业院校数字化设计与制造、模具设计与制造等专业提供一本系统、全面、实用的3D打印教材，帮助读者运用3D打印技术的原理开展实际应用，掌握3D打印的基本操作技能，为未来的学习和工作奠定坚实的基础。

本书共分为模型获取与成型、设计模型与成型和产品设计及3D打印成型案例三个模块。体例编排符合学习和实践的规律。在本书编写过程中，编者融入了自己的科研成果和已正式发表的论文。这些成果和论文不仅为本书提供了丰富的素材和案例，也展示了我们在3D打印领域的探索和实践。希望通过分享这些成果和经验，能够激发更多读者对3D打印技术的兴趣和热情，推动这一领域的持续发展。

本书主要具有以下特点：

（1）本书在创作特色上采用了流程式的图文并茂的编排方式，力求让读者能够轻松理解并掌握相关知识。

（2）注重实践性和创新性。本书注重实践，突出行动导向，通过丰富的实践任务，引导读者完成从设计到打印的全过程。读者将学会如何准备模型、选择合适的打印参数、处理打印材料等，在将来的工作或创新项目中更加自信和熟练地应用3D打印技术。

相关说明：

（1）关于软件。三维建模及设计软件不限，全文会穿插不同的三维设计软件，建模基础部分建议读者参考软件类教材，本书偏结构化呈现3D打印的基本类别及综合设计，围绕不同种类的3D打印模型获取和设计角度，不讲解三维软件的基本操作，也不规定用一种三维软件来完成具体工作要求，部分功能实现会有软件的差异性表现。

（2）关于打印设备。本书采用苏州博理新材料科技有限公司的TAPS300光固化3D打印机。打印有相通性，但特殊材料和特殊结构的成型具有典型性，该打印机的高柔性弹性树脂材料及高速打印特性是编者选择用该打印机的主要原因。

（3）关于本书相关数据资源的获取：请到中国铁道出版社教育资源数字化平台（https://www.tdpress.com/51eds/）下载。

本书由白晶斐、武新宇、邢阎艳任主编，由王莲莲、黄斌斌、刘雯、张束胜任副主编，郭中天、杨险锋、靳鑫、韩瑞生、高曦、杜俊松、顾亮、李小明、李安洪、嬴银、张平、段军、王长春参与编写，全书由门正兴、王文斌主审。另外，苏州博理新材料科技有限公司、成都斐正能达科技有限公司、先临三维科技股份有限公司、四川省增材制造技术协会/增材制造产教融合专委会、广州中望龙腾软件股份有限公司对本书提供了重要的技术支持。在编写过程中，我们还得到了众多专家和学者的支持和帮助。他们不仅提供了宝贵的意见和建议，还分享了自己的科研成果和已正式发表的论文，在此一并表示感谢。

当然，任何一本教材都不可能做到尽善尽美。在编写过程中，我们虽然力求做到严谨、全面和实用，但难免存在疏漏和不妥之处，敬请广大读者批评指正。

编 者

2024年3月

目 录

模块一　模型获取与成型 1
　模块目标 1
　学习导图 1
　单元一　获取模型与成型 2
　　　任务　模型获取与打印 2
　单元二　三维扫描与直接成型 9
　　　任务　模型扫描与打印 9

模块二　设计模型与成型 13
　模块目标 13
　学习导图 14
　单元一　单一静态模型的绘制与成型 15
　　　任务1　平面立体类单体建模与成型 16
　　　任务2　回转类单体特征建模与成型 27
　　　任务3　创意杯托的特征建模与成型 34
　单元二　拼装模型的绘制与成型 45
　　　任务1　蘑菇盒的螺纹连接拼装设计与成型 46
　　　任务2　某机翼的插拔连接拼装设计与成型 59
　　　任务3　空心球卡扣连接拼装设计与成型 69
　　　任务4　空心球凸柱定位连接拼装设计与成型 .. 80
　单元三　一体化模型的绘制与成型 95
　　　任务1　可回弹一体化夹的设计与成型 96
　　　任务2　关节类一体化玩具的设计与成型 105
　　　任务3　一体化汽车底板的设计与成型 121
　单元四　镂空模型的绘制与成型 134
　　　任务1　简单规律孔洞的镂空造型设计与成型 . 135
　　　任务2　蜂窝表面镂空结构设计与成型 141

任务 3　复杂镂空结构设计与成型 148
　单元五　晶格模型的绘制与成型 157
　　任务 1　轻量化扳手设计与成型 158
　　任务 2　柔性晶格篮球的设计与成型 167

模块三　产品设计及 3D 打印成型案例 179

　模块目标 179
　学习导图 179
　单元一　手压吸盘的设计与制作 180
　　任务　零件设计与 3D 打印（手压吸盘） 180
　单元二　微型台钳的设计与制作 198
　　任务　零件设计与 3D 打印（台虎钳） 198

附录 219

　附录 A　手压吸盘的设计要求 219
　附录 B　微型台钳的设计要求 220
　附录 C　TAPS300 光固化 3D 打印机用户手册 221

模块一

模型获取与成型

模块目标

1. 掌握3D打印模型的获取方法。
2. 具备应用方法和资源获取对应模型的能力。
3. 能够运用影像扫描设备完成模型的获取。
4. 能够根据扫描数据完成简单的修复。
5. 具备运用数据并完成打印的能力。

建议学时：4。

学习导图

```
                           ┌─ 获取模型与成型 ── 任务  模型获取与打印
模块一  模型获取与成型 ──┤
                           └─ 三维扫描与直接成型 ── 任务  模型扫描与打印
```

单元一
获取模型与成型

单元目标

1. 具备运用不同检索方法获取模型的能力。
2. 具备模型切片的能力。
3. 具备运用光固化成型打印机打印的能力。
4. 具备打印零件后处理的能力。

建议学时：2。

材料及数据：3D打印切片软件、光固化打印机及检索引擎。

任务　模型获取与打印

任务要求

（1）请从网络资源平台获取三种不同类型的3D打印模型，并选择一个模型进行3D切片、打印及后处理工作。

（2）提交文件：

全部数据均存放在个人文件夹内（文件夹命名：姓名-SJ，如"张三-SJ"）。其中包括两个子文件夹：

① "数据"文件夹：存放所有的过程原始数据；

② "提交"文件夹：输出的3D打印切片文件、3D模型stl和打印件。

（3）考核评价标准：

评分项目		测量分	主观分	各项得分
模型获取	三种类型的 stl 模型	3	—	
模型切片及打印	1. 缩放打印大小	2	—	
	2. 支撑添加合理	1	—	
打印质量评价		2	2	
总　分（满分10）				

任务实施

1. 模型获取

根据切片软件的格式要求，从资源站点获取对应的模型，要求包含模型尺寸在打印幅面内,模型种类包含多种(至少三种)。

根据任务要求,首先解决以下四个问题。

问题1:获取3D打印模型的资源站点有哪些?

常见的3D打印模型资源站点包括:

Tergiversate、Printables、MyMiniFactory、Cults3D、Pinshape、YouMagine、PrusaPrinters、GrabCAD、Threeding、3DShook。

请注意,在使用这些站点上的模型进行3D打印之前,请确保遵守其相关规定和许可证,并根据需求选择合适的模型。

问题2:模型包括哪些种类?

3D打印模型的种类非常丰富,涵盖了各个领域和应用。以下是一些常见的3D打印模型种类:

(1)家居和装饰品:包括家具、灯具、花瓶、壁挂等。

(2)玩具和模型:如机器人、汽车、船只、飞机、动物等。

(3)配饰和珠宝:如手链、项链、耳环、戒指等。

(4)艺术品和雕塑:涵盖了各种创意的艺术品、雕塑和装置艺术。

(5)工程和机械零件:用于制作原型、测试和定制的各种机械零部件。

(6)医疗和健康产品:包括义肢、支架、医疗器械和辅助设备等。

(7)教育和学习工具:如地理模型、分子结构模型、数学几何模型等。

(8)建筑和城市模型:用于建筑和城市规划的建筑模型和场景模型。

(9)美食和糕点模具:用于制作独特形状的糕点、巧克力等食品。

(10)个性化定制产品:根据个人需求和喜好进行定制的各种产品。

这仅仅是一些常见的3D打印模型种类,实际上,几乎任何可以想象的物体都可以通过3D打印技术来制作。单从服务行业类别来看是一种区分类别的思路,另外可以从结构的角度来进行3D打印模型分类:

(1)单体模型:单体3D模型是指一个完整的、连续的模型,没有被分割或分离成多个部分。在数码建模或计算机辅助设计软件中,可以创建并处理这种单体模型,如图1-1所示。

(2)拼装模型:拼装3D模型是将多个分离的部件组合在一起,形成一个完整的模型。这种方法通常用于大型或复杂的模型,因为它可以简化打印过程并减少对3D打印机幅面的限制,如图1-2所示。

(3)一体化模型:一体化3D模型是指将多个组成部分融合在一起,形成一个整体的模型,而不是将其分离为多个部分或组件,如图1-3所示。

(4)镂空模型:是指在3D打印过程中创建具有镂空(空间中存在的空洞)特征的模型。这些空洞可以是正常的孔洞、中空结构或复杂的几何图案,如图1-4所示。

(5)晶格模型:指通过3D打印技术创建出具有晶格结构特征的模型。晶格结构是由重复的基本单元组成的,常见于晶体、金属、聚合物等物质中,如图1-5所示。

图 1-1　单体模型　　　　图 1-2　拼装模型　　　　图 1-3　一体化模型

图 1-4　镂空模型　　　　　　　图 1-5　晶格模型

问题3：3D打印模型的格式有哪些？

常见的3D打印模型格式包括：

（1）STL（standard triangle language）：是最常用的3D打印模型格式，它将物体表示为由无数个三角形组成的网格。STL文件可以由几乎所有的3D建模软件导出。

（2）OBJ（wavefront object）：是一种广泛支持的三维模型文件格式，适用于渲染和动画应用程序。OBJ文件包含物体的几何形状、纹理坐标和表面属性。

（3）AMF（additive manufacturing file）：是一种较新的3D打印文件格式，支持更丰富的几何信息和材料属性。AMF文件可以包含复杂的几何形状、颜色、材质和纹理等信息。

（4）3MF（3D manufacturing format）：是由Microsoft、Autodesk等公司共同开发的一种开放标准的3D打印文件格式。3MF文件支持更多的功能，如部件组装、材料定义和颜色定义等。

（5）PLY（stanford polygon library）：是一种常用的点云和多边形数据存储格式，可以描述3D物体的几何形状和颜色。

（6）FBX（filmbox）：是一种通用的3D交换格式，主要用于动画和游戏制作。FBX文件不仅包含几何信息，还包含材质、动画、骨骼等信息。

这只是一些常见的3D打印模型格式，不同的3D打印机和软件可能支持不同的格式。在选择和导出模型时，请确认其兼容性以确保成功的打印结果。

问题4：打印机幅面是多少？如果模型不合适有没有解决办法？

3D打印机的幅面指的是它可以打印的物体的最大尺寸。不同型号和类型的3D打印机具有不同的幅面大小，通常以三个维度表示：长度（X轴）、宽度（Y轴）和高度（Z轴）。以下是一些常见的3D打印机幅面示例：

（1）桌面型3D打印机：通常具有较小的幅面，如200 mm×200 mm×200 mm或250 mm×250 mm×250 mm。这些打印机适合打印小型物体或原型。

（2）工作台型3D打印机：具有更大的打印空间，通常在300 mm×300 mm×300 mm到500 mm×500 mm×500 mm之间。它们适用于打印中等大小的物体或批量生产。

（3）大型3D打印机：拥有更大的幅面，可以打印更大、更复杂的物体，如600 mm×600 mm×600 mm以上。这些打印机通常用于制造业和建筑领域。

需要注意的是，3D打印机的幅面并非唯一决定打印尺寸的因素，还受到其他因素的限制，例如，打印材料的性能、打印头的精度和打印速度等。因此，在选择3D打印机时，除了幅面大小，还需考虑其他技术规格和需求。

如果3D模型不适合直接打印，以下是一些解决办法：

（1）修复模型：使用专业的3D建模软件或修复工具对模型进行修复，包括修复断面、填补空洞、修复不规则几何形状等。

（2）缩放和调整模型尺寸：如果模型尺寸太大或太小，可以通过缩放和调整尺寸来使其适合打印。请注意，改变比例可能会影响模型的细节和精度。

（3）重新建模：如果模型存在严重的问题无法修复，可以考虑重新创建模型。这可能需要重新绘制或使用其他3D设计工具进行建模。

（4）分割模型：如果模型的尺寸超出了打印机的幅面限制，可以将模型分割成较小的部分进行打印，然后再将它们组装在一起。

解读完以上四个问题，我们到Thingiverse官网检索并下载表1-1中的三个模型，格式均为stl。

表1-1 模型分类获取的三个类别的信息

序　号	模型截图	类　别
模型一 无支撑小船		静态模型
模型二 手机支架		镂空模型

续表

序号	模型截图	类别
模型三 鲨鱼		一体化模型

2. 模型切片及打印

根据任务检索并得到的模型，选择1个模型，导入切片软件并完成切片（见图1-6～图1-8），复制至打印机完成打印，最后根据打印好的模型完成后处理（见图1-9～图1-11）。

视 频

船切片

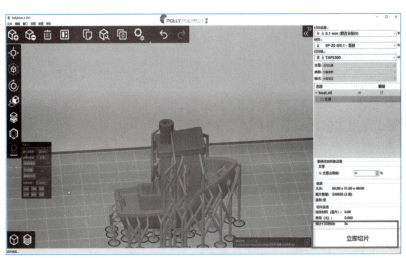

图1-6 导入并添加支撑完成切片（1）

视 频

手机支架切片

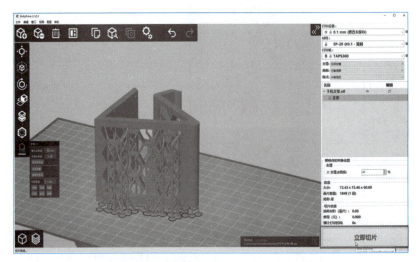

图1-7 导入并添加支撑完成切片（2）

模块一　模型获取与成型　7

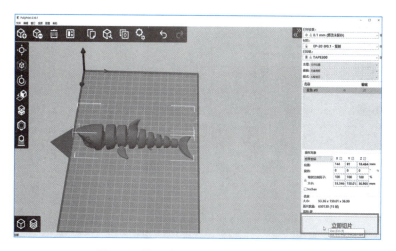

图 1-8　导入并添加支撑完成切片（3）

视　频

鲨鱼切片

图 1-9　小船模型后处理

视　频

船打印

图 1-10　手机支架模型后处理

视　频

手机支架打印

视 频

鲨鱼打印

图 1-11 鲨鱼模型后处理

单元二
三维扫描与直接成型

单元目标

1. 具备运用三维扫描仪进行标定的能力。
2. 具备运用三维扫描仪获取模型的能力。
3. 具备模型切片的能力。
4. 具备运用光固化成型打印机打印的能力。
5. 具备打印零件后处理的能力。

建议学时：2。

材料及数据：三维扫描仪、正向设计软件、3D打印切片软件、光固化打印机。

任务　模型扫描与打印

任务要求

（1）运用三维扫描技术提取真人三维数据，并采用光固化成型技术完成一个真人模型的制作。

（2）提交文件：

① 模型。格式为stl；存储命名要求如"zhangsan-stl"。

② 打印模型。打印比例自定，总高度不高于200 mm。

（3）考核评价标准：

评分项目		测量分	主观分	各项得分
三维数据扫描	1. 扫描仪标定	5	—	
	2. 面片处理	5	—	
	3. 模型数据合并	10	—	
	4. 扫描仪使用规范	—	5	
打印切片	1. 正确使用切片软件并完成切片	5	—	
	2. 输出切片文件并格式正确	5	—	
打印及后处理	1. 模型打印完整且质量好	10	—	
	2. 打印后处理规范性	5	—	
总　　分（满分50）				

> 任务实施

1. 模型扫描

完成一个真人的完整3D扫描,并提取数据,保存带纹理数据一份。并保存stl不带纹理数据一份。

根据任务要求,首先解决以下两个问题。

问题1:完成真人扫描需要准备什么?

要进行三维真人扫描,需要具备以下条件:

(1)3D扫描设备:一台专业的3D扫描设备,如结构光扫描仪、激光测距传感器或深度相机等。这些设备能够捕捉物体表面的几何信息并生成对应的点云数据。

(2)扫描软件:需要使用与所选扫描设备兼容的扫描软件。这些软件将扫描设备采集的数据进行处理和重建,生成完整的三维模型。

(3)扫描场景:选择适合的扫描场景,确保有足够的光照以便扫描设备能够准确地读取物体表面的信息。同时,确保背景干净整洁,以避免不需要的杂乱元素出现在扫描模型中。

(4)合适的姿势和服装:被扫描者需要保持稳定的姿势,并穿着不会影响扫描结果的服装。避免过于复杂的服装细节或反光材质,以免造成扫描误差或阻碍设备获取准确的数据。

(5)辅助工具:根据需要,可能需要使用辅助工具来帮助被扫描者保持姿势或稳定。例如,人体模型架、支撑架或转台等。

(6)扫描时间和耐心:进行三维扫描通常需要一些时间,特别是对于全身扫描或复杂的细节部分,所以要有足够的耐心,并确保设备和被扫描者都能保持稳定和舒适。

完成扫描后,将获得一个数字化的三维模型,可以进行后期处理和编辑,以便进行3D打印、动画制作或其他应用。

如果你没有自己的三维扫描设备或经验,可以考虑寻找专业的3D扫描服务提供商来完成扫描过程,并提供高质量的三维模型数据。

问题2:实施真人三维扫描的步骤?

准备扫描设备:采用先临三维(SHINING 3D) EinStar,手持式三维纹理扫描仪(见图1-12)。在使用前要先熟悉设备(见图1-13)并进行设备标定(见图1-14)。

图1-12 设备展示

产品型号	EinStar手持3D扫描仪	光源类别	Class I（人眼安全）
点距	0.1～3 mm	传输方式	USB 2.0及以上
工作距离	160～1400 mm	设备尺寸	220 mm × 55 mm × 46 mm
最小扫描物体尺寸	100 mm × 100 mm × 100 mm	手提箱尺寸	245 mm × 245 mm × 90 mm
扫描速度	最高14 fps	设备重量	500 g
光源	红外光源，不可见光	操作系统	Win10/Win11, 64位
户外扫描	支持	推荐电脑配置	处理器：Intel I7-11800H及以上 显卡：NVIDIA GTX 1060及以上 显存：6 GB及以上 内存：32 GB及以上
是否内置纹理相机	是		
拼接方式	纹理拼接/特征拼接/混合拼接/标志点拼接(物体扫描模式)		
数据格式	OBJ, STL, PLY, ASC, 3MF, P3		

图 1-13　设备参数

图 1-14　设备标定

在熟悉设备基本情况和使用方法的基础上，首先是完成设备标定：

（1）准备被扫描者：被扫描者需要穿着合适的服装，避免过于复杂的纹理或反光材质。同时，确保被扫描者了解扫描过程，并保持稳定的姿势。

（2）执行扫描：根据设备的要求和软件的操作指南，执行扫描过程（见图1-15）。通常，这包括在不同角度、距离和位置上对物体进行多次扫描，以确保完整和准确的数据采集。

（3）导出和应用：最后，将处理完成的三维模型导出为适当的文件格式，如.STL、.OBJ等。根据需要，可以将模型用于3D打印、动画制作、虚拟现实等各种应用。

图 1-15　执行扫描

2．模型切片及打印

根据真人扫描的3D数据完成模型切片和打印工作（见图1-16）。要根据打印机的幅面大小自定缩放比例。最终复制至打印机完成打印，并根据打印好的模型完成后处理（见图1-17）。

视 频
人物扫描切片

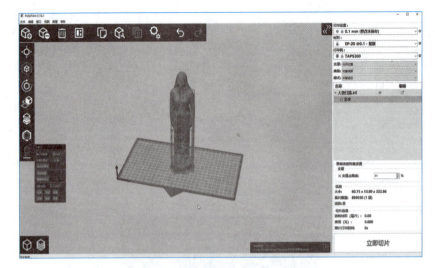

图 1-16　三维扫描人物切片

视 频
人物打印

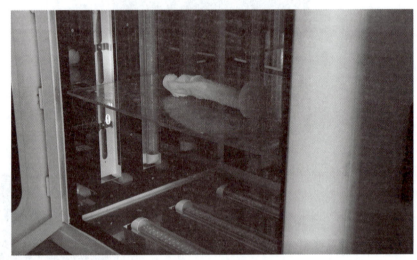

图 1-17　三维扫描人物打印

模块二

设计模型与成型

模块目标

1. 具备运用3D建模软件完成中等复杂模型的绘制能力。
2. 具备运用3D建模软件设计一体化打印模型的能力。
3. 具备镂空模型和晶格模型的处理能力。
4. 具备运用3D建模软件完成零件工程图绘制和模型渲染的能力。
5. 具备运用数据并完成打印的能力。

建议学时：26。

学习导图

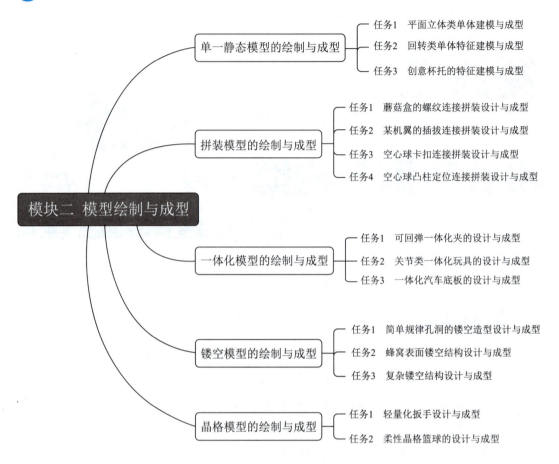

模块二 模型绘制与成型

- 单一静态模型的绘制与成型
  - 任务1　平面立体类单体建模与成型
  - 任务2　回转类单体特征建模与成型
  - 任务3　创意杯托的特征建模与成型
- 拼装模型的绘制与成型
  - 任务1　蘑菇盒的螺纹连接拼装设计与成型
  - 任务2　某机翼的插拔连接拼装设计与成型
  - 任务3　空心球卡扣连接拼装设计与成型
  - 任务4　空心球凸柱定位连接拼装设计与成型
- 一体化模型的绘制与成型
  - 任务1　可回弹一体化夹的设计与成型
  - 任务2　关节类一体化玩具的设计与成型
  - 任务3　一体化汽车底板的设计与成型
- 镂空模型的绘制与成型
  - 任务1　简单规律孔洞的镂空造型设计与成型
  - 任务2　蜂窝表面镂空结构设计与成型
  - 任务3　复杂镂空结构设计与成型
- 晶格模型的绘制与成型
  - 任务1　轻量化扳手设计与成型
  - 任务2　柔性晶格篮球的设计与成型

单元一
单一静态模型的绘制与成型

单元目标

1. 具备运用3D建模软件完成单一静态模型绘制的能力。
2. 具备运用3D建模软件完成零件工程图绘制的能力。
3. 具备运用3D建模软件完成模型渲染的能力。
4. 具备模型切片的能力。
5. 具备运用光固化成型打印机打印的能力。
6. 具备打印零件后处理的能力。

建议学时：4。

知识链接

什么是单体3D模型？有哪些特点？

单体3D模型是指一个完整的、连续的模型，没有被分割或分离成多个部分。在建模或计算机辅助设计软件中，可以创建并处理这种单体模型。

单体3D模型具有以下特点：

（1）统一性：整个模型被视为一个实体，所有的组件和部分都是连接在一起的，形成一个连续的结构。

（2）简化后期处理：由于模型是单体的，制造、修改或优化过程更为简化，不需要考虑组装或连接步骤。

（3）结构稳定性：单体模型的连续性和一体性使其具有更好的结构稳定性，不易出现松散或脱落的问题。

（4）提高细节和精度：设计单体模型时，可以更好地控制细节和精度，因为不存在组件之间的拼接缝隙或连接处的限制。

然而，制作大型的单体3D模型可能会受到3D打印机的幅面限制。

材料及数据：图纸附件、正向软件（推荐用中望3D）、3D打印切片软件、光固化打印机。

任务1 平面立体类单体建模与成型

> **任务要求**

（1）根据提供的支架零件实体模型的工程图（见图2-1），按照图形尺寸要求，在规定时间内完成建模并打印成型，建模提交时间为15 min。

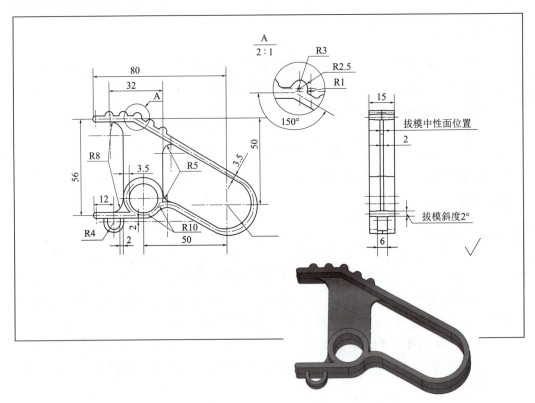

图2-1 支架零件工程图

（2）提交文件：
① 模型。格式要求为step、stl，存储命名要求如"zhangsan-stl""张三-step"。
② 工程图。格式要求为pdf。
③ 渲染图。格式要求为jpeg；分辨率不低于1 280 ppi。

（3）考核评价标准：

	评分项目	测量分	主观分	各项得分
3D建模	1. 模型体积大小	10	—	
	2. 模型工程图规范	5	—	
	3. 模型渲染图规范	5	—	
	4. 命名及存储规范	—	5	
打印切片	1. 正确使用切片软件并完成切片	5	—	
	2. 输出切片文件并格式正确	5	—	

模块二 设计模型与成型 17

续表

评分项目		测量分	评价分	各项得分
打印及后处理	1. 模型打印完整且质量好	10		
	2. 打印后处理规范性	5		
	总　　分（满分50）			

任务实施

1. 支架零件三维建模基本流程

1）绘制草图

选择"造型"→"草图"命令创建任意草图（见图2-2），使用"草图"环境下的功能绘制草图轮廓（见图2-3），再利用尺寸功能约束草图轮廓（见图2-4），完成草图的绘制，最后单击"退出"按钮，退出草图界面（见图2-5）。

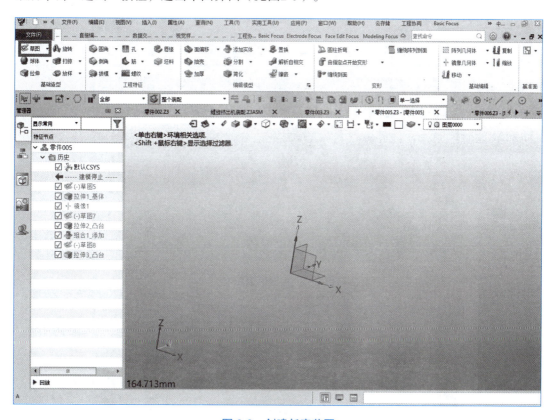

图2-2　创建任意草图

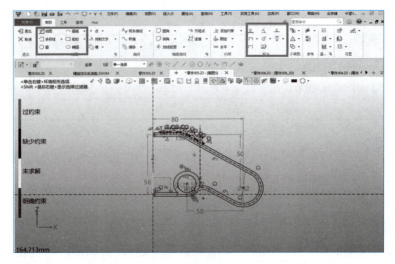

图 2-3　绘制草图轮廓

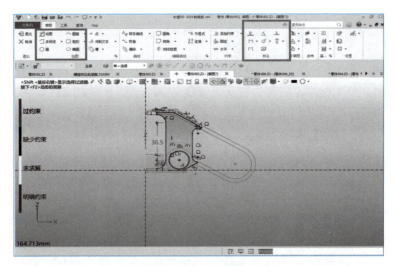

图 2-4　约束草图轮廓

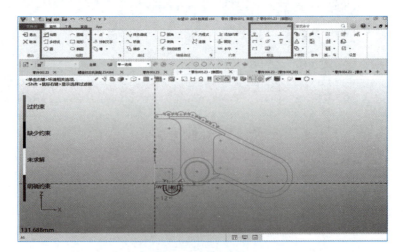

图 2-5　退出草图界面

2）拉伸草图轮廓

选择"造型"→"拉伸"命令拉伸草图，选择轮廓1进行"拉伸"，输入距离与拔模角度，单击"确定"按钮（见图2-6），然后进行镜像（见图2-7），轮廓B、C与轮廓A同理设置（见图2-8），完成效果如图2-9所示。

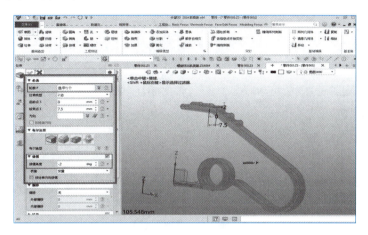

图 2-6　拉伸草图轮廓 A

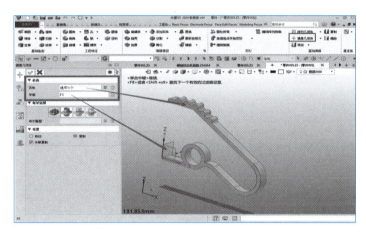

图 2-7　镜像特征

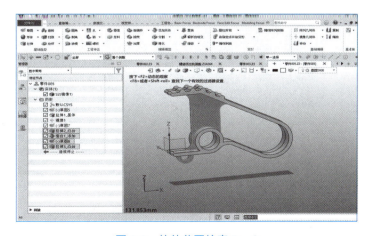

图 2-8　拉伸草图轮廓 B、C

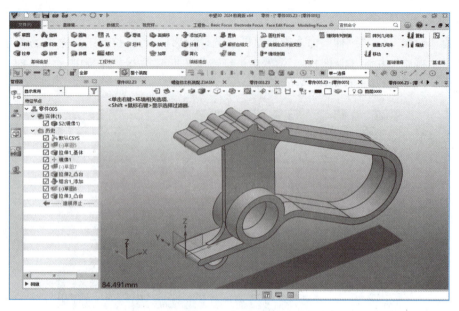

图 2-9　建模完成

2．支架零件模型二维工程图基本流程

1）二维工程图标题栏设置

使用建模窗格上的2D工程图模块中的A4 H（GB Mechanical chs）完成图幅选择（见图2-10、图2-11），双击左侧管理器中的标题栏即可修改材料、代号、名称等设置（见图2-12、图2-13）。

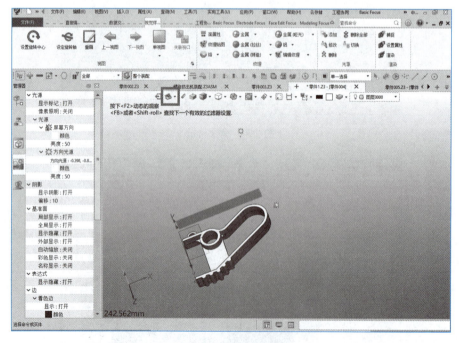

图 2-10　进入二维模块

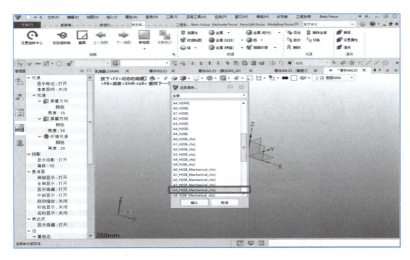

图 2-11　选择图纸大小

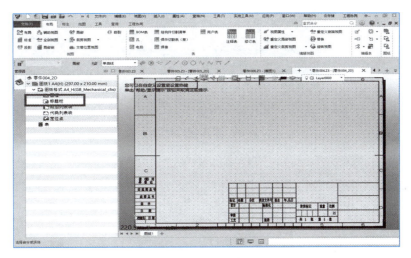

图 2-12　进入标题栏草图

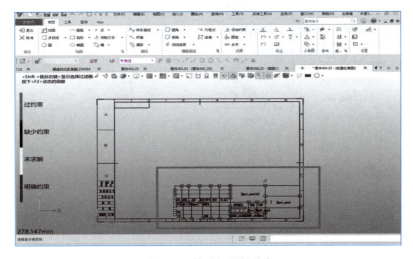

图 2-13　修改标题栏信息

2）二维工程图标注尺寸模板设置

选择"工具"→"样式管理器"命令（见图2-14）进行尺寸样式（见图2-15）、视图样式（见图2-16、图2-17）修改，单击"确定"按钮保存。

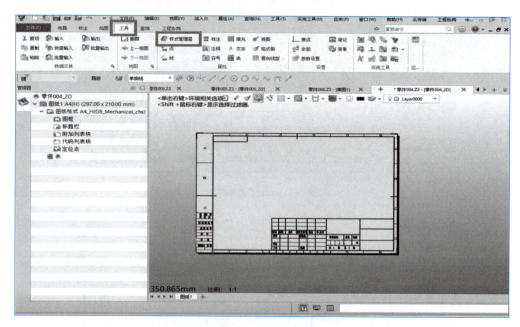

图 2-14　单击样式管理器

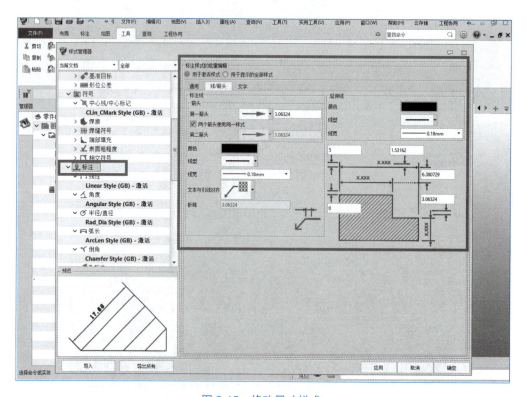

图 2-15　修改尺寸样式

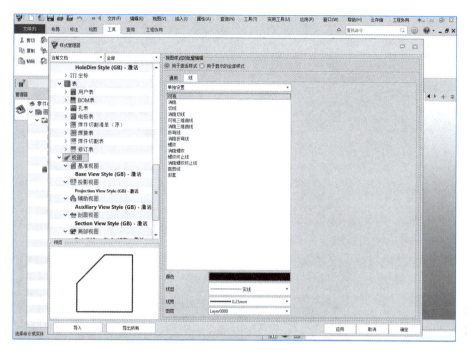

图 2-16　修改线型样式

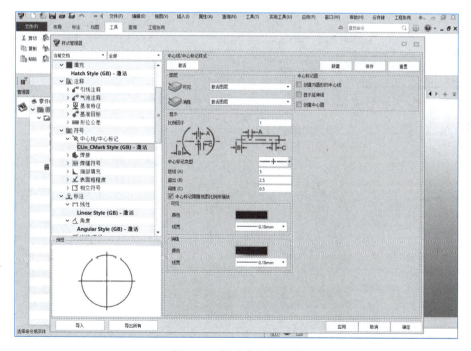

图 2-17　修改中心线样式

3）二维工程图视图设置

选择"布局"→"标准"命令，摆放出合理的零件视图（局部视图、剖视图等）（见图 2-18），再用"标注"→"尺寸"命令，完成工程图的尺寸标注（见图 2-19），最后用"文字"命令和"表面粗糙度"命令完成技术要求和表面粗糙度标注。

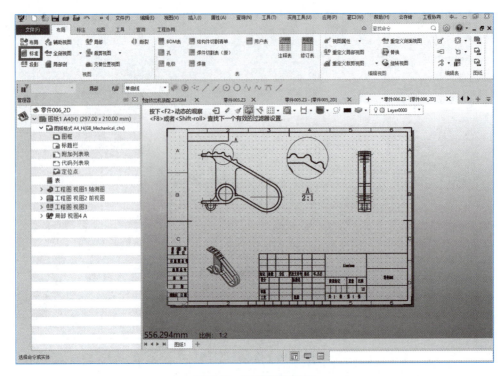

图 2-18　摆放零件视图

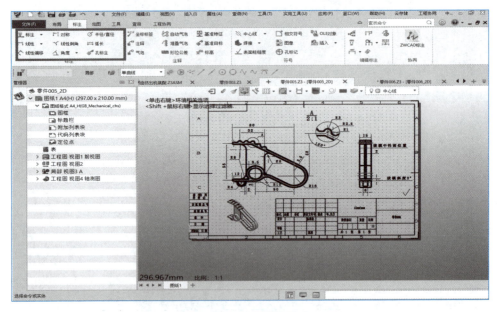

图 2-19　标注零件尺寸

3．支架零件模型渲染图

可选择材质属性应用至模型，编辑视觉样式（见图 2-20），然后选择"视觉样式"→"设置属性"命令，进行产品渲染（见图 2-21），渲染完成后如图 2-22 所示。

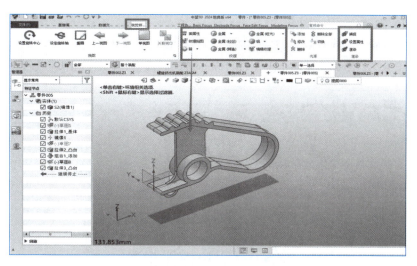

图 2-20　编辑视觉样式

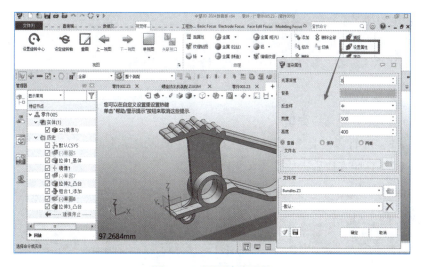

图 2-21　设置渲染属性

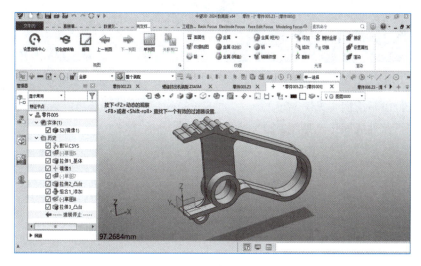

图 2-22　完成渲染

4. 打印前处理——模型切片

打印切片设置：根据材料和3D打印机的特性，设置打印参数，包括层厚、填充密度、打印速度等（见图2-23）并发送至打印机打印（打印时间：1 h 31 min）。

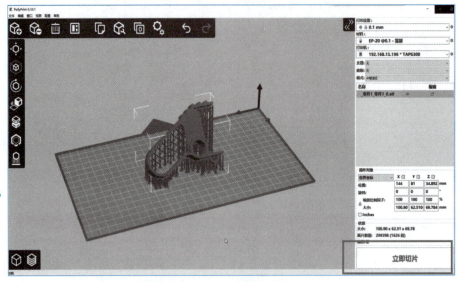

• 视 频 •
支架零件切片

• 视 频 •
支架零件打印

图 2-23　打印切片设置

5. 实施打印与后处理

（1）3D打印机会逐层堆积固化材料，逐渐形成零件实体（见图2-24）。

（2）打印完成后去除支撑（见图2-25）。

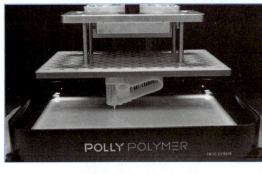

图 2-24　实施打印　　　　　　　　图 2-25　去除支撑

（3）进行酒精清洗（见图2-26）。

（4）进行紫外线固化（见图2-27）及打磨。

图 2-26 酒精清洗

图 2-27 紫外线固化

任务 2　回转类单体特征建模与成型

任务要求

（1）根据提供的灯具零件实体模型的工程图文件（见图2-28），按照图形尺寸要求，在规定时间内完成建模并打印成型，建模提交时间为15 min。

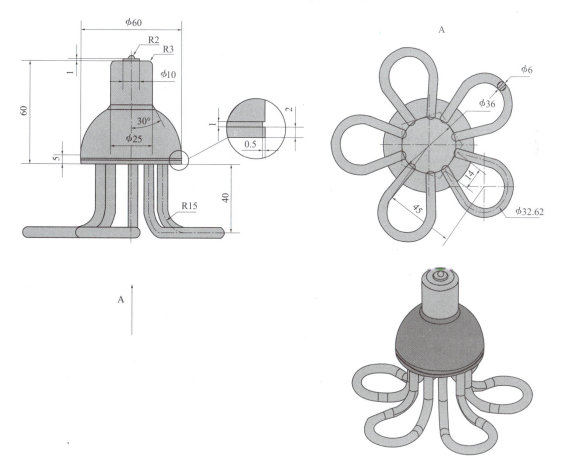

图 2-28　灯具零件工程图（单位：mm）

(2) 提交文件：

① 模型。格式要求为 step，stl；存储命名要求如 "zhangsan-stl" "张三-step"。

② 工程图。格式要求为 pdf；存储命名要求如 "zhangsan-pdf"。

③ 渲染图。格式要求为 jpeg；分辨率不低于 1 280 ppi，存储命名要求如 "zhangsan-jepg"。

(3) 考核评价标准：

评分项目		测量分	主观分	各项得分
3D 建模	1. 模型体积大小	10	—	
	2. 模型工程图规范	5	—	
	3. 模型渲染图规范	5	—	
	4. 命名及存储规范	—	5	
打印切片	1. 正确使用切片软件并完成切片	5	—	
	2. 输出切片文件并格式正确	5	—	
打印及后处理	1. 模型打印完整且质量好	10	—	
	2. 打印后处理规范性	5	—	
总　分（满分 50）				

任务实施

1. 模型三维建模基本流程

1) 绘制草图

选择 "造型" → "草图" 命令，创建任意草图（见图 2-29），使用 "草图" 环境下的功能绘制草图轮廓（见图 2-30），再利用尺寸功能约束草图轮廓（见图 2-31），完成草图的绘制，最后单击 "退出" 按钮，退出草图界面（见图 2-32）。

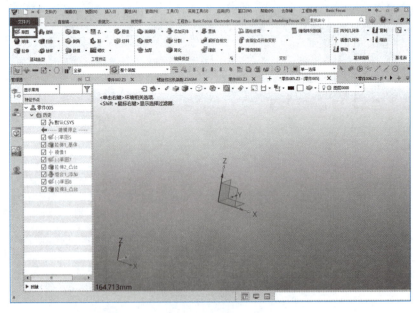

图 2-29　创建任意草图

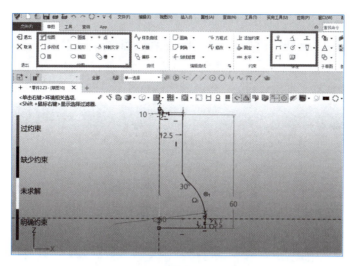

图 2-30　绘制草图轮廓

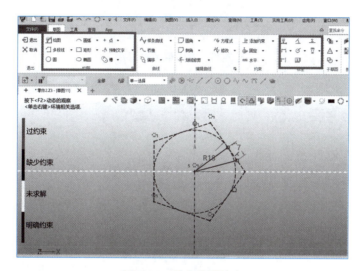

图 2-31　约束草图轮廓

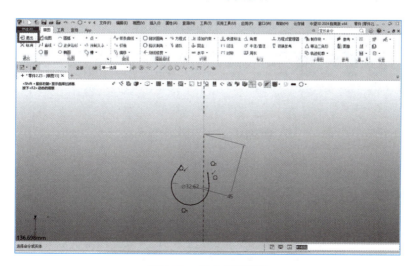

图 2-32　退出草图界面

2）旋转草图轮廓

选择"造型"→"旋转"命令拉伸草图，选择轮廓1进行"旋转"，轴A为旋转轴，单击"确定"按钮（见图2-33）；然后使用"扫掠"命令进行设置（见图2-34）；最后使用"阵列"命令扫掠特征（见图2-35），完善倒圆倒角等（见图2-36）

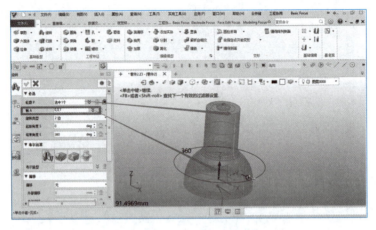

图2-33 旋转草图轮廓A

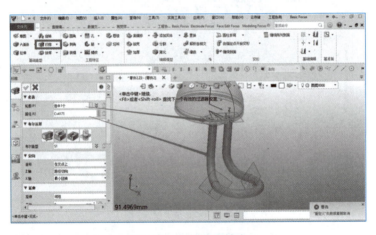

图2-34 扫掠草图轮廓

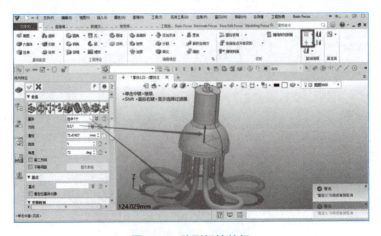

图2-35 阵列扫掠特征

模块二 设计模型与成型 31

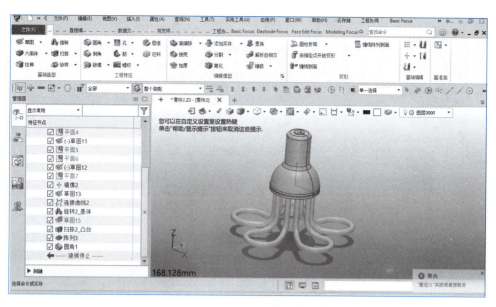

图 2-36 完善倒圆倒角

2．模型二维工程图

选择"布局"→"标准"命令，摆放出合理的零件视图（局部视图、剖视图等）（见图2-37），再用"标注"→"尺寸"命令，完成工程图的尺寸标注（见图2-38），最后用"文字"命令和"表面粗糙度"命令完成技术要求和表面粗糙度标注。

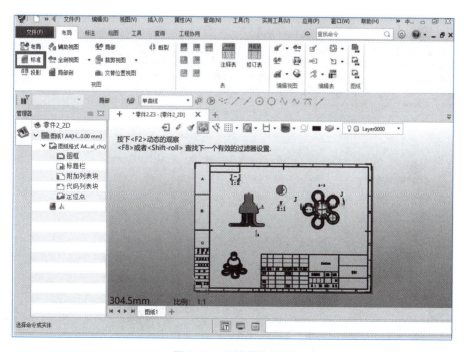

图 2-37 摆放零件视图

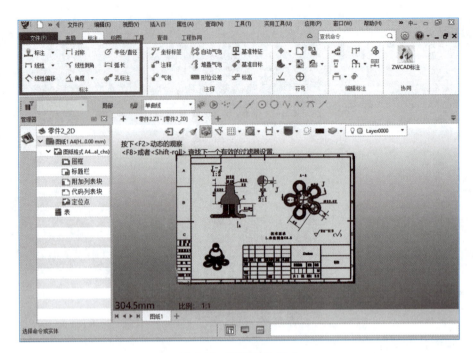

图 2-38　标记零件尺寸

3．模型渲染图基本流程

使用视觉模块下的"面属性"设置灯管的颜色（见图2-39），可单击材质属性应用至模型，编辑视觉样式（见图2-40），然后选择"视觉样式"→"设置属性"命令进行产品渲染（见图2-40），完成渲染后如图2-41所示。

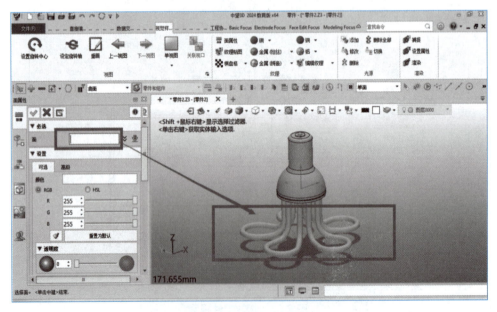

图 2-39　编辑视觉样式

模块二 设计模型与成型　33

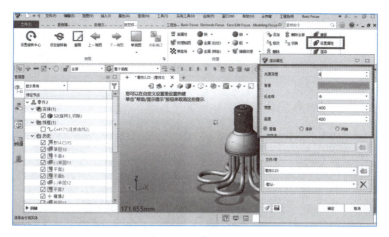

图 2-40　设置渲染属性

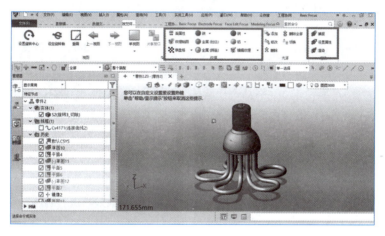

图 2-41　完成渲染

4．打印前处理——模型切片

打印切片设置：根据材料和3D打印机的特性，设置打印参数，包括层厚、填充密度、打印速度等（见图2-42）并发送至打印机打印（打印时间：2 h 26 min）。

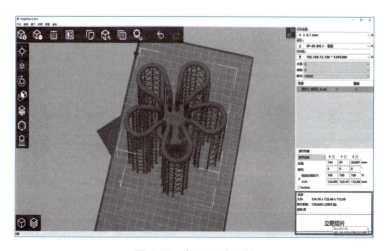

图 2-42　打印切片设置

视　频

灯具零件切片

视 频
灯具零件打印

5. 实施打印与后处理

(1) 3D打印机会逐层堆积固化材料,逐渐形成零件实体(见图2-43)。

(2) 打印完成后去除支撑(见图2-44)。

(3) 进行酒精清洗(见图2-45)。

(4) 进行紫外线固化(见图2-46)及打磨。

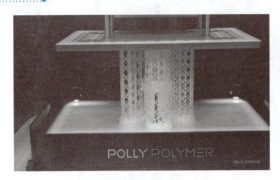

图2-43 实施打印

图2-44 去除支撑

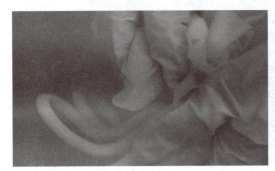

图2-45 酒精清洗

图2-46 紫外线固化

任务3 创意杯托的特征建模与成型

任务要求

(1) 为方便使用一次性纸杯,人们设计出了可以多次重复使用的塑料杯托。使用时可将纸杯放入其中,使用后取出纸杯。它的主要特点是托住纸杯、避免纸杯变形、烫手等。针对塑料杯托的特点,它要解决的问题是:使得塑料杯托的形状、大小和尺寸要能与设计的纸杯的形状、大小或尺寸配套,从而达到简便顺利地托起一次性纸杯的目的。

现需要设计一款能够符合容纳250 mL水的上口直径75 mm,下口直径53 mm,高度88 mm的纸杯塑料杯托(见图2-47),需要用3D打印的方式来实现模型的打样工作,造型自定并加以说明。

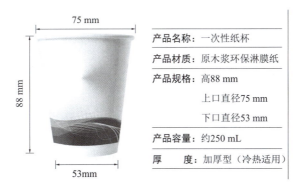

图 2-47　塑料杯托设计要求

（2）提交文件：

① 模型。格式要求为step，stl；存储命名要求如"zhangsan-stl""张三-step"。

② 工程图。格式要求为pdf；存储命名要求如"zhangsan-pdf"。

③ 渲染图。格式要求为jpeg，分辨率不低于1 280 ppi；存储命名要求如"zhangsan-jpeg"。

（3）考核评价标准：

评分项目		测量分	主观分	各项得分
3D建模	1. 模型体积大小	10	—	
	2. 模型工程图规范	5	—	
	3. 模型渲染图规范	5	—	
	4. 命名及存储规范	—	5	
打印切片	1. 正确使用切片软件并完成切片	5	—	
	2. 输出切片文件并格式正确	5	—	
打印及后处理	1. 模型打印完整且质量好	10	—	
	2. 打印后处理规范性	5	—	
总　　分（满分50）				

任务实施

1. 模型三维建模基本流程

三维建模：利用计算机辅助设计软件进行三维建模，将设计概念转化为具体的数字模型。在建模过程中需要考虑杯托的尺寸、材料、生产工艺等因素。

1）绘制纸杯模型

（1）选择"圆锥体"命令绘制杯子模型（见图2-48），分别输入杯子上顶面、下底面的半径和杯子高度。

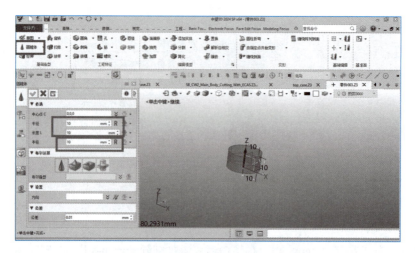

图 2-48　绘制杯子模型

（2）选择"抽壳"命令绘制杯子内腔（见图2-49），造型选择杯子模型，厚度为杯子的厚度，开放面选顶面。完成效果如图2-50所示。

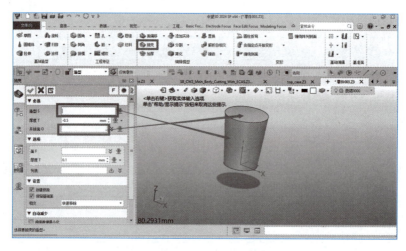

图 2-49　用"抽壳"命令绘制杯子内腔

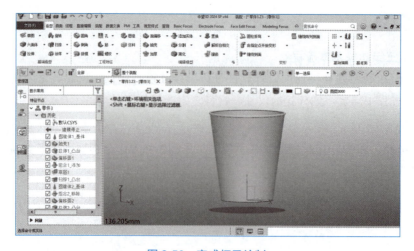

图 2-50　完成杯子绘制

2）绘制杯托

（1）选择"造型"→"草图"命令创建任意草图，选择"草图"环境下的功能及尺寸功能绘制旋转草图（见图2-51）。

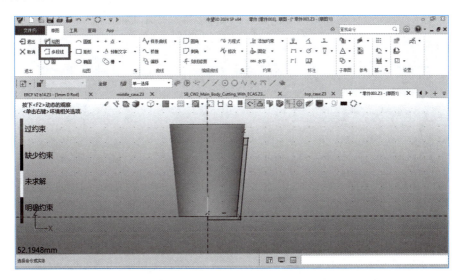

图 2-51　绘制旋转草图

（2）选择"旋转"命令绘制杯托大致模型（见图2-52），轮廓选择图2-51绘制的草图，轴A选择杯子的中心轴，布尔运算为基体。

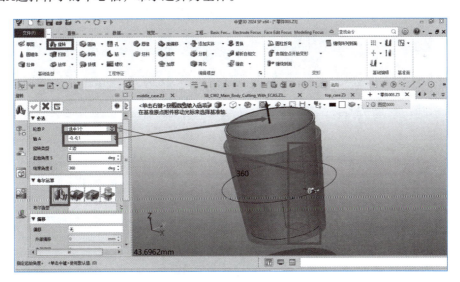

图 2-52　旋转杯托轮廓

（3）选择"造型"→"草图"命令创建任意草图，使用"圆"命令绘制减运算图形，如图2-53所示。

（4）选择"拉伸"命令中的减运算，轮廓选择如图2-54所示。选择"布尔运算"中的减运算，"布尔造型"选择杯托。

（5）使用"圆角"命令，边选择杯托上部轮廓，如图2-55所示。

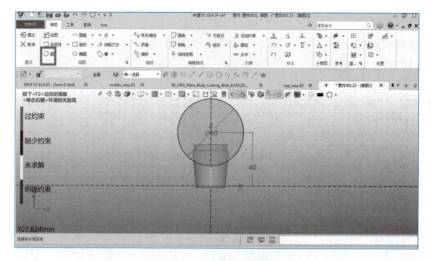

图 2-53　绘制减运算图像

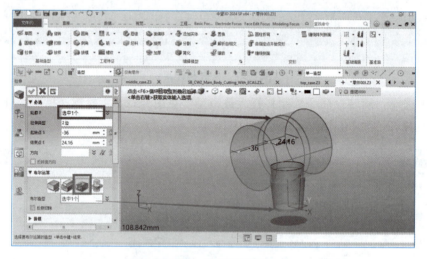

图 2-54　修剪杯托造型

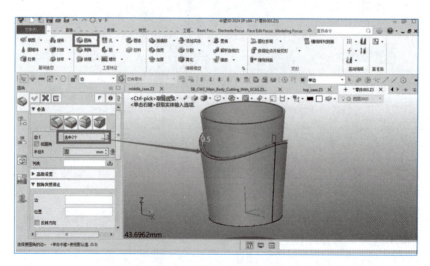

图 2-55　杯托锐边倒圆

3）绘制杯托手柄

（1）隐藏杯子模型，单击杯子模型，然后在右键快捷菜单中选择"隐藏"命令。

（2）选择"造型"→"草图"命令创建任意草图，使用"草图"环境下的功能及尺寸功能绘制杯托镂空部分（见图2-56）。选择"拉伸"命令切除模型，如图2-57所示。

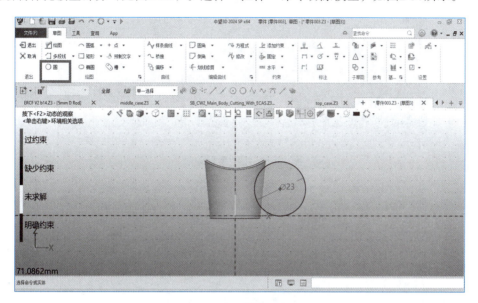

图 2-56　绘制杯子镂空部分

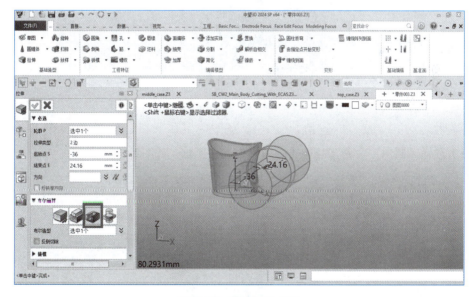

图 2-57　拉伸切除杯托

（3）选择"造型"→"草图"命令创建任意草图，使用"草图"环境下的功能及尺寸功能绘制手柄轮廓草图（见图2-58）。

（4）使用"拉伸"命令拉伸杯托手柄草图（见图2-59）。

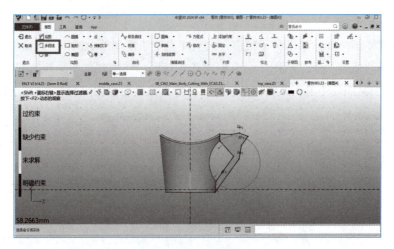

图 2-58　绘制手柄轮廓

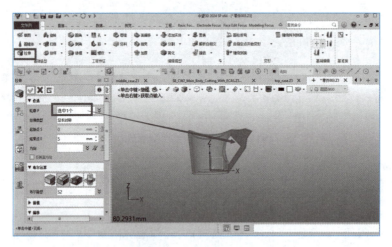

图 2-59　拉伸杯托手柄

4）美化

（1）选择"圆角"命令，为杯托添加圆角进行美化，如图2-60所示。

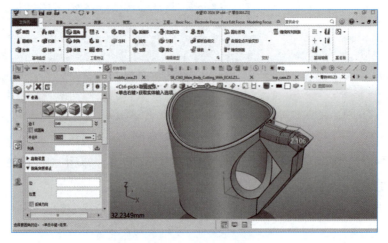

图 2-60　杯托添加圆角

（2）选择"草图"命令绘制鱼眼、鱼鳃、鱼尾细节，如图2-61、图2-62所示。使用"拉伸"命令拉伸草图。

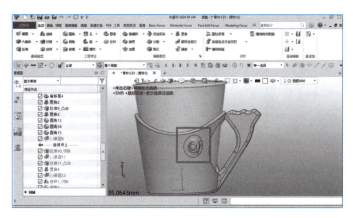

图 2-61　添加鱼眼细节特征

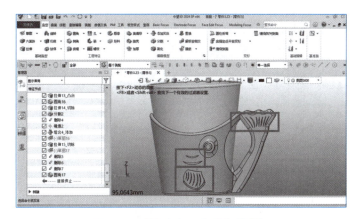

图 2-62　添加鱼鳃、鱼尾细节特征

2．模型二维工程图

选择"布局"→"标准"命令，摆放出合理的零件视图（局部视图、剖视图等）（见图2-63），再选择"标注"→"尺寸"命令，完成工程图的尺寸标注（见图2-64），最后用"文字"命令和"表面粗糙度"命令完成技术要求和表面粗糙度标注。

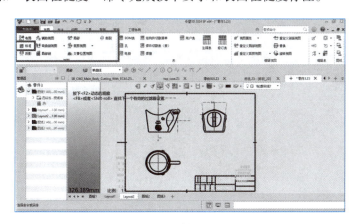

图 2-63　摆放零件视图

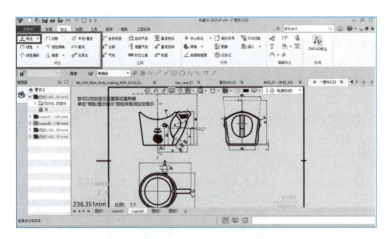

图 2-64　标记零件尺寸

3．模型渲染图基本流程

使用视觉模块下的"面属性"设置杯托的颜色（见图2-65），可单击材质属性应用至模型，编辑视觉样式（见图2-66），然后选择"视觉样式"→"设置属性"命令进行产品渲染（见图2-67）。

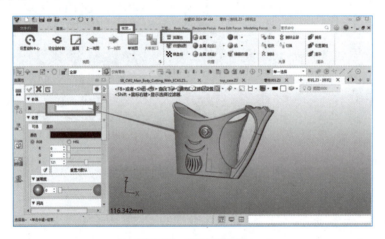

图 2-65　设置面属性

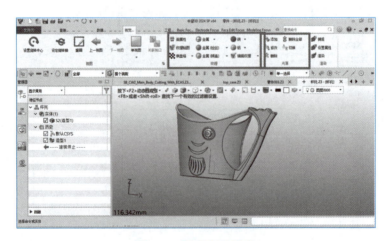

图 2-66　编辑视觉样式

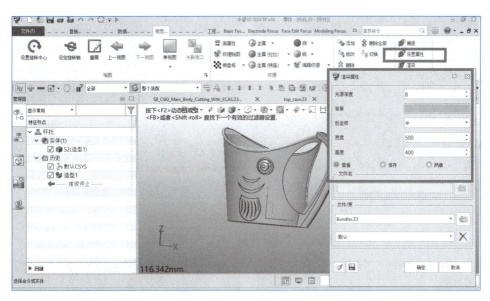

图 2-67　设置渲染属性

视　频
杯托切片

4．打印前处理——模型切片

打印切片设置：根据材料和3D打印机的特性，设置打印参数，包括层厚、填充密度、打印速度等（见图2-68）并发送至打印机打印（打印时间：1 h 34 min）。

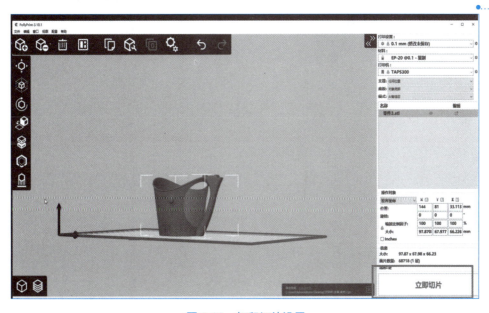

图 2-68　打印切片设置

5．实施打印与后处理

（1）3D打印机会逐层堆积固化材料，逐渐形成零件实体（见图2-69）。

（2）打印完成后去除支撑（见图2-70）。

视　频
杯托打印

图 2-69　实施打印

图 2-70　去除支撑

（3）进行酒精清洗（见图2-71）。

（4）进行紫外线固化（见图2-72）及打磨。

图 2-71　酒精清洗

图 2-72　紫外线固化

单元二
拼装模型的绘制与成型

单元目标

1. 具备运用3D建模软件完成不同拼装模型绘制的能力。
2. 具备运用3D建模软件完成零件工程图绘制的能力。
3. 具备运用3D建模软件完成模型渲染的能力。
4. 具备模型切片的能力。
5. 具备运用光固化成型打印机打印的能力。
6. 具备打印零件后处理的能力。

建议学时：6。

知识链接

什么是拼装3D模型？有哪些特点？

拼装3D模型是指通过将多个零件组合在一起，逐步构建一个立体模型的过程。这种模型通常使用一些具有特定形状的零件，如拼图块、立方体、棱柱等，通过将它们连接或组合在一起，形成一个完整的三维结构。

拼装3D模型的特点包括：

（1）DIY性质：拼装3D模型是一项具有手工艺性质的活动，需要个体根据说明书或指导进行自行组装。这种DIY的特点增加了参与者的主动性和互动性。

（2）手眼协调：拼装3D模型需要参与者通过观察零件形状、大小、方向等信息，并将其准确地组合在一起，锻炼了手眼协调能力。

（3）空间想象力：拼装3D模型要求参与者能够通过平面图纸或说明书上的信息，将零件在脑海中构建成立体的形象，培养了空间想象力。

（4）问题解决：在拼装过程中，可能会遇到困难、错位或不匹配等问题。参与者需要思考并找到解决方案，培养了问题解决能力和逻辑思维。

（5）知识学习：拼装3D模型通常伴随着对模型结构和组装原理的学习，参与者可以通过完成模型来掌握相关知识和技能。

（6）成就感和满足感：当参与者成功地将零件拼装成完整的3D模型时，会获得成就感和满足感。这种成功的喜悦感激发了个人主动学习和探索的积极性。

根据拼装类型要求，可以分为螺纹连接的拼装、插拔连接方式的拼装、卡扣方式的拼装。

材料及数据：图纸附件、正向软件（推荐中望3D/软件不限）、3D打印切片软件、光固化打印机。

任务1　蘑菇盒的螺纹连接拼装设计与成型

> 任务要求

（1）蘑菇模型尺寸如图2-73所示（未注圆角R2），在现有蘑菇模型的基础上改造为储物盒，其壳体壁厚均匀，为3 mm，要求剖分为两部分，蘑菇头和蘑菇杆分离，上下连接采用螺纹连接，螺纹牙形自定，螺纹规格自定，螺距自定，螺纹旋合圈数为2圈。

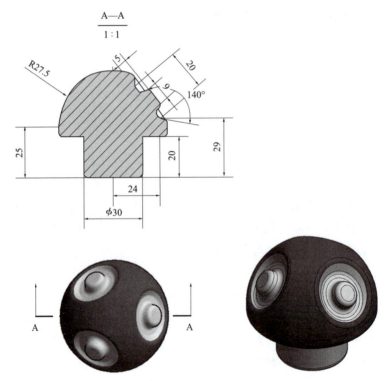

图 2-73　蘑菇尺寸模型（单位：mm）

（2）预期效果如图2-74所示。

图 2-74　蘑菇预期效果图

（3）提交文件：

① 模型。格式要求为step，stl；存储命名要求如"zhangsan-stl""张三-step"。

② 爆炸视图的工程图。格式要求为pdf。

③ 爆炸渲染图。格式要求为jpeg；分辨率不低于1 280 ppi。

（4）考核评价标准：

评 分 项 目		测 量 分	主 观 分	各项得分
3D建模	1. 模型体积大小	10	—	
	2. 模型工程图规范	5	—	
	3. 模型渲染图规范	5	—	
	4. 命名及存储规范	—	5	
打印切片	1. 正确使用切片软件并完成切片	5	—	
	2. 输出切片文件并格式正确	5	—	
打印及后处理	1. 模型打印完整且质量好	10	—	
	2. 打印后处理规范性	5	—	
总　　分（满分50）				

任务实施

1. 模型三维建模基本流程

1）绘制草图

选择"造型"→"草图"命令创建任意草图（见图2-75），使用"草图"环境下的功能，如圆、线、修剪等绘制草图轮廓（见图2-76）。再次新建草图，利用尺寸功能约束草图轮廓，完成草图的绘制（见图2-77），最后单击"退出"按钮，退出草图界面。

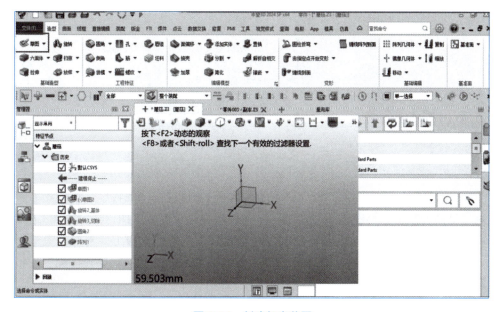

图2-75　创建任意草图

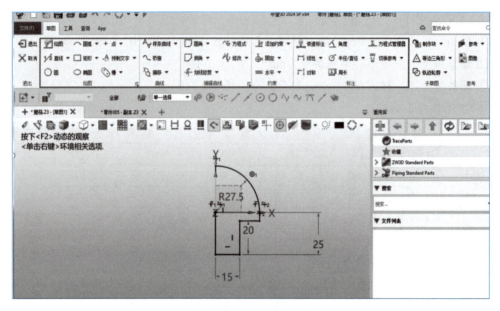

图 2-76　绘制草图轮廓

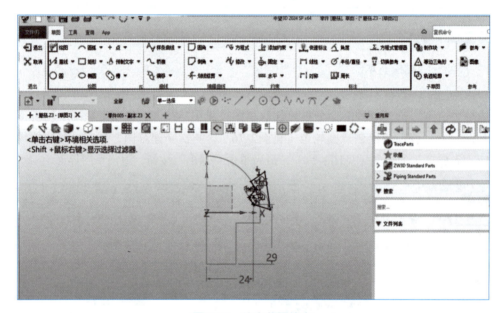

图 2-77　约束草图轮廓

2）旋转、圆角草图轮廓

选择"造型"→"旋转"命令旋转草图，选择草图1进行"旋转"，选择轮廓与旋转中心轴（见图2-78）。再次使用"造型"→"旋转"命令旋转草图，选择草图2进行"旋转"，选择轮廓与旋转中心轴，选用布尔运算减算法（见图2-79），再对锐边选择"造型"→"圆角"命令进行设置（见图2-80），最后利用"造型"→"环形阵列"选择阵列对象与中心轴（见图2-81），完成草图轮廓。

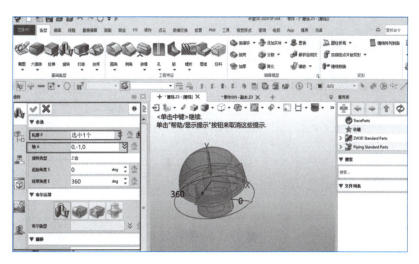

图 2-78　旋转轮廓生成基体

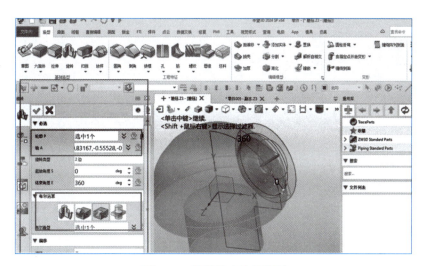

图 2-79　旋转轮廓修剪造型

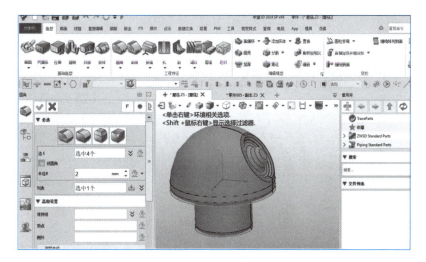

图 2-80　倒圆处理

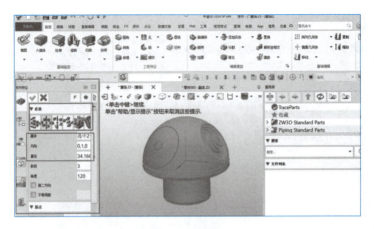

图 2-81 整列特征

2. 蘑菇模型三维建模修改基本流程

1）分割实体

选择"造型"→"分割面"命令，选择分割对象与分割面（见图2-82），这样就得到了两个实体模型，如图2-83所示。

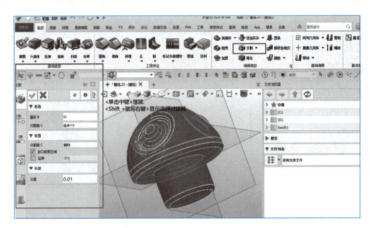

图 2-82 分割蘑菇造型

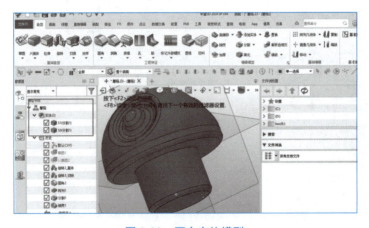

图 2-83 两个实体模型

2）蘑菇杆设计

选择"造型"→"面偏移"命令，选择需要偏移的平面，偏移出6 mm的安装位置（见图2-84），选择"造型"→"抽壳"命令，选择对象与厚度，此次抽壳需要选择开放面（注意抽壳方向）（见图2-85）。利用"造型"→"草图"命令进入一个合适的平面绘制实体螺纹草图（见图2-86），最后使用"造型"→"螺纹"命令进行实体处理（见图2-87）。

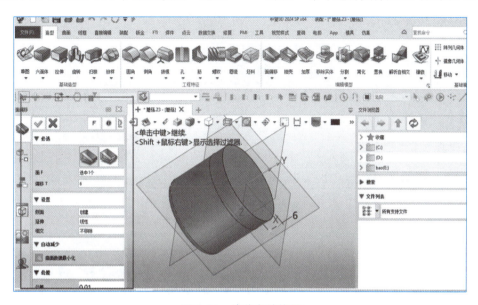

图 2-84　偏移安装位置

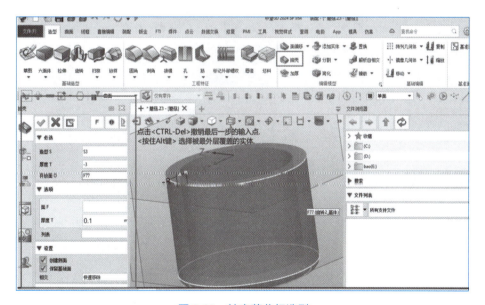

图 2-85　抽壳蘑菇杆造型

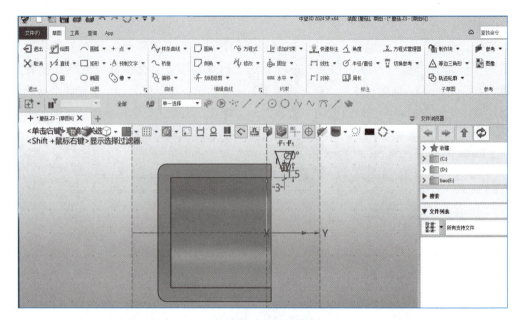

图 2-86 绘制螺纹草图

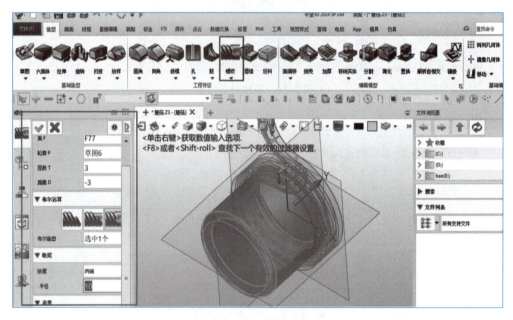

图 2-87 绘制蘑菇杆螺纹

3）蘑菇头设计

选择"造型"→"抽壳"命令，选择对象与合适厚度（注意抽壳方向）（见图2-88），平面绘制一个底牙的圆，进行拉伸减运算（见图2-89），最后利用蘑菇杆的模型对蘑菇头进行移除实体操作，如图2-90所示。

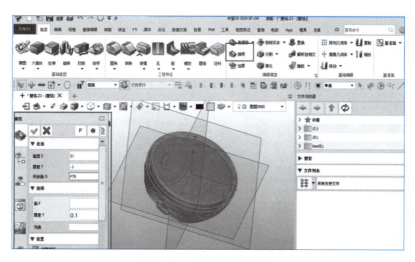

图 2-88　抽壳蘑菇头实体

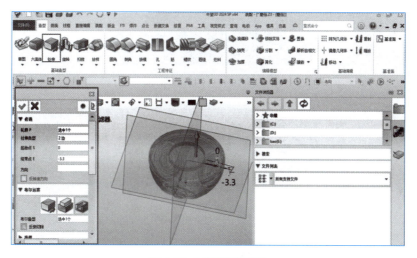

图 2-89　减运算蘑菇头

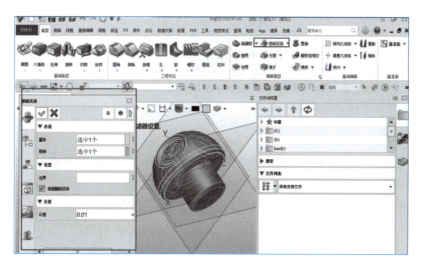

图 2-90　蘑菇头移除实体

4）模型提取

右击实体，在弹出的快捷菜单中选择"提取造型"命令（见图2-91），设置提取造型参数（见图2-92）。

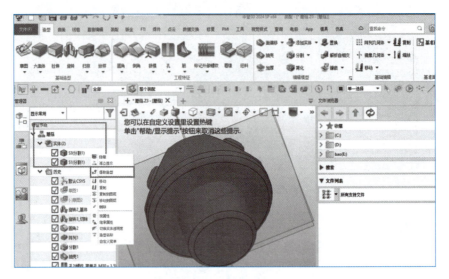

图 2-91　提取造型

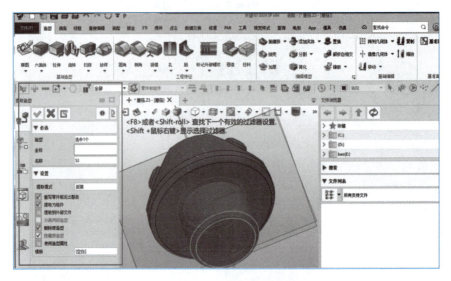

图 2-92　设置提取造型参数

3. 蘑菇模型二维工程图

选择"布局"→"标准"命令，摆放出合理的零件视图（全剖视图等）（见图2-93）。爆炸视图需要通过高级设置放置（见图2-94），再用"标注"→"尺寸"命令完成工程图的尺寸标注（见图2-95），使用"标注"→"自动气泡"命令添加序号（见图2-96），最后使用"布局"→"BOM表"命令完成明细表设置，放置在适合的地方（见图2-97）。

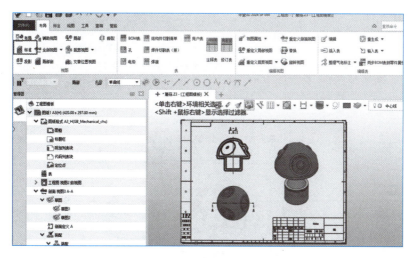

图 2-93　摆放零件视图

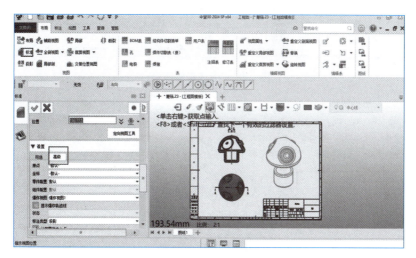

图 2-94　爆炸图设置

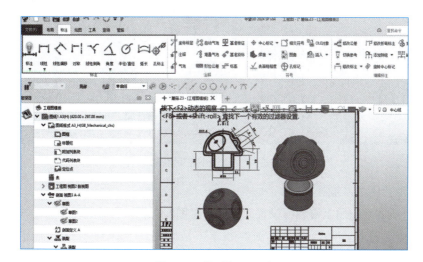

图 2-95　标注视图尺寸

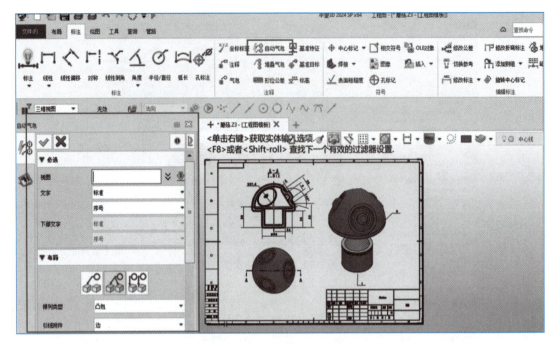

图 2-96　标注零件序号

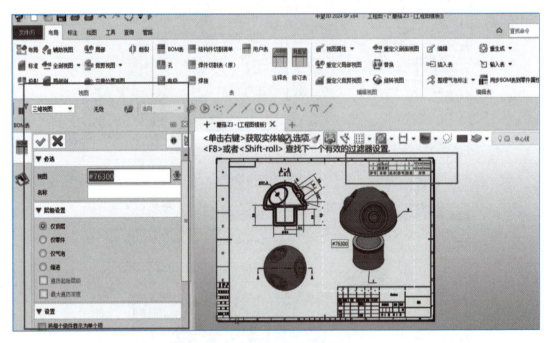

图 2-97　添加图纸明细栏

4．模型渲染图基本流程

可单击材质属性应用至模型，设置面属性（见图2-98），然后选择"视觉样式"→"设置属性"命令，进行产品渲染（见图2-99），最后使用"捕捉"命令输出渲染图（见图2-100）。

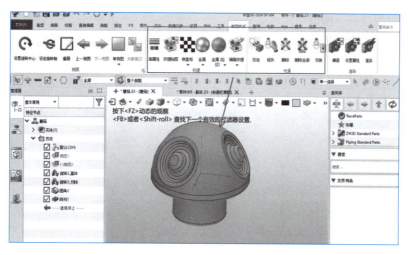

图 2-98　设置面属性

图 2-99　设置渲染属性

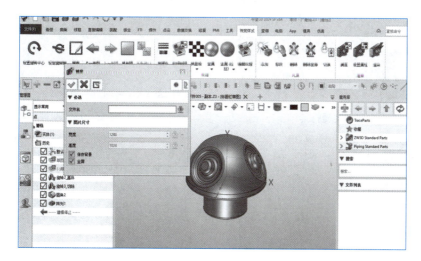

图 2-100　输出渲染图

5. 打印前处理——模型切片

打印切片设置：根据材料和3D打印机的特性，设置打印参数，包括层厚、填充密度、打印速度等（见图2-101），发送至打印机打印（打印时间：43 min）。

> 视频
> 蘑菇模型切片

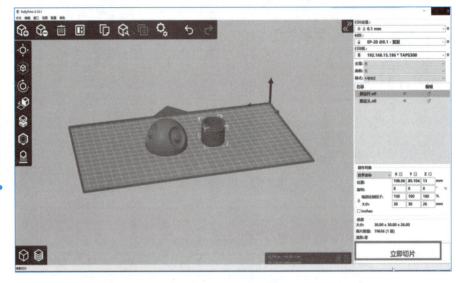

图 2-101　打印切片设置

> 视频
> 蘑菇模型打印

6. 实施打印与后处理

（1）3D打印机会逐层堆积固化材料，逐渐形成零件实体（见图2-102）。

（2）打印完成后进行取件（见图2-103）。

（3）进行酒精清洗（见图2-104）。

（4）进行紫外线固化（见图2-105）及打磨。

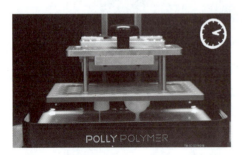

图 2-102　实施打印

图 2-103　取件

图 2-104　酒精清洗

图 2-105　紫外线固化

任务2　某机翼的插拔连接拼装设计与成型

任务要求

（1）如图2-106所示的一个飞机机翼结构为一体件，现需要采用3D打印工艺完成打印，要求满足3D打印无支撑要求，建议把机翼与两发动机进行拆除，并进行拔插设计，设计合理的插拔连接方式。要求：保留机翼特征，无支撑打印。预期效果如图2-107所示。

图 2-106　飞机机翼结构　　　　　图 2-107　预期效果图

（2）提交文件：

① 模型。格式要求为step，stl；存储命名要求如"zhangsan-stl""张三-step"。

② 爆炸视图的工程图。格式要求为pdf。

③ 爆炸渲染图。格式要求为jpeg；分辨率不低于1 280 ppi。

（3）考核评价标准：

评分项目		测 量 分	主 观 分	各 项 得 分
3D建模	1. 模型体积大小	10	—	
	2. 模型工程图规范	5	—	
	3. 模型渲染图规范	5	—	
	4. 命名及存储规范	—	5	
打印切片	1. 正确使用切片软件并完成切片	5	—	
	2. 输出切片文件并格式正确	5	—	
打印及后处理	1. 模型打印完整且质量好	10	—	
	2. 打印后处理规范性	5	—	
总　分（满总50）				

任务实施

1. 模型三维建模基本流程

1）导入stp文件进行更改

选择"文件"→"打开"命令导入stp参考文件（见图2-108），并选择用"造型"→"草图"命令创建任意草图(见图2-109)。使用"草图"环境下的功能(见图2-110)绘制分割线。并使用"拉伸"命令将草图拉伸成面进行分割(见图2-111)。

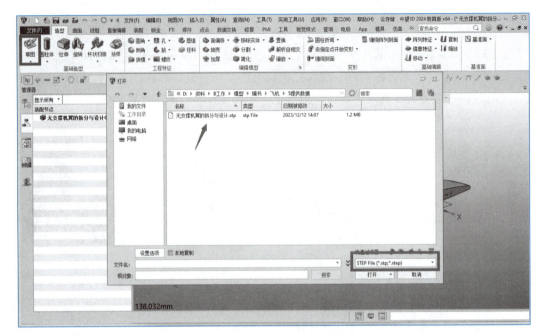

图 2-108　导入 stp 文件

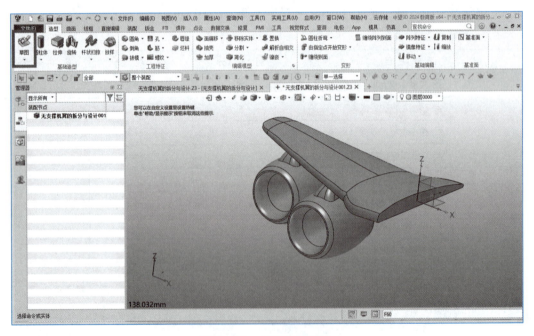

图 2-109　创建任意草图

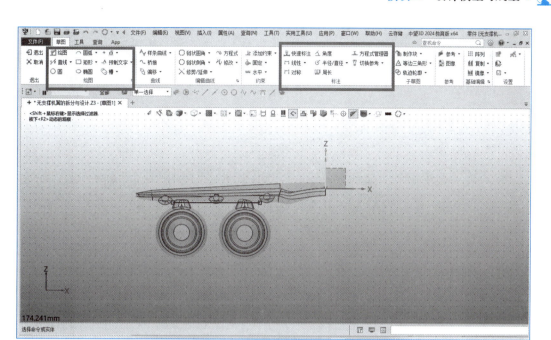

图 2-110 绘制分割线

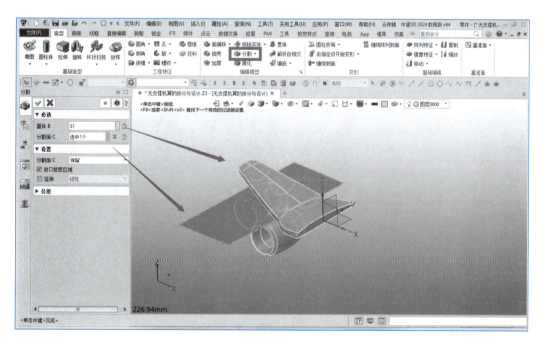

图 2-111 拉伸分割面并分割

2）更改各造型

选择"造型"→"简化"命令，删除不需要的特征（见图2-112）。选择"添加实体"命令合并部分造型（见图2-113）。

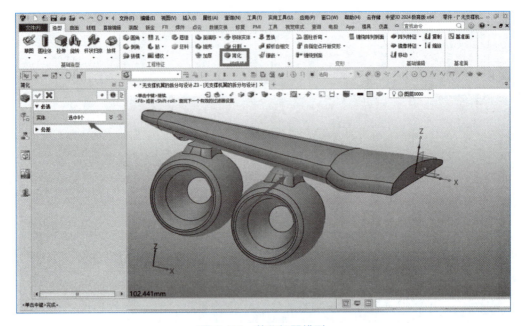

图 2-112　简化机翼模型

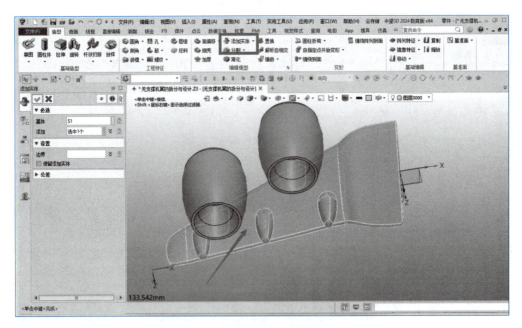

图 2-113　合并机翼模型

3）设计发动机配合面

选择"造型"→"草图"命令创建任意草图，使用"草图"环境下的功能绘制草图轮廓（见图2-114），最后使用"拉伸"命令生成造型，将其与发动机合并后，对机翼执行"移除实体"命令（见图2-115）。

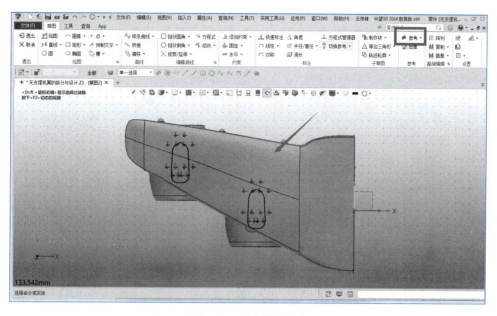

图 2-114 绘制草图轮廓

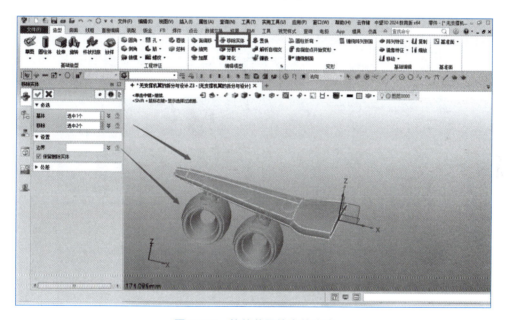

图 2-115 拉伸草图轮廓并移除

4）绘制销及偏移配合间隙

选择"造型"→"草图"命令创建任意草图，使用"草图"环境下的功能绘制销草图轮廓（见图2-116），使用"拉伸"命令生成基体销（见图2-117）。然后对机翼和发动机执行"移除实体"命令（见图2-118），最后使用"面偏移"命令将修剪面偏移留出间隙0.1（见图2-119）。

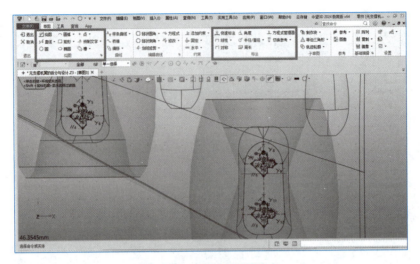

图 2-116　绘制销草图轮廓

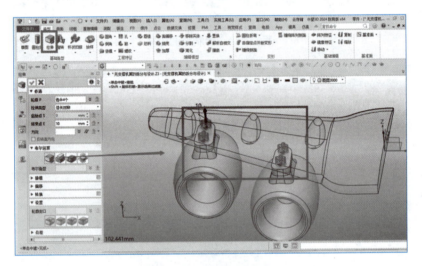

图 2-117　拉伸草图实体

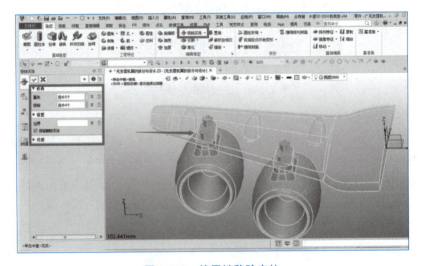

图 2-118　使用销移除实体

模块二 设计模型与成型 65

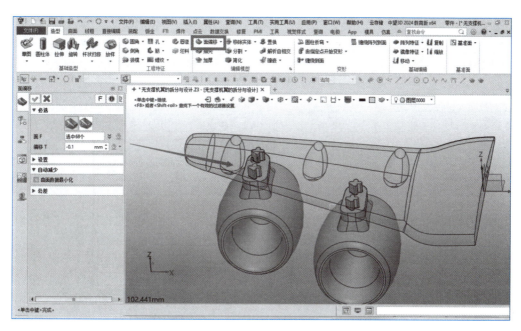

图 2-119 偏移配合间隙

2．模型二维工程图基本流程

选择"布局"→"标准"命令，摆放出合理的零件视图（局部视图、剖视图等）（见图2-120），再用"标注"→"尺寸"完成工程图的尺寸标注（见图2-121），最后用"文字"命令和"表面粗糙度"命令完成技术要求和表面粗糙度标注。

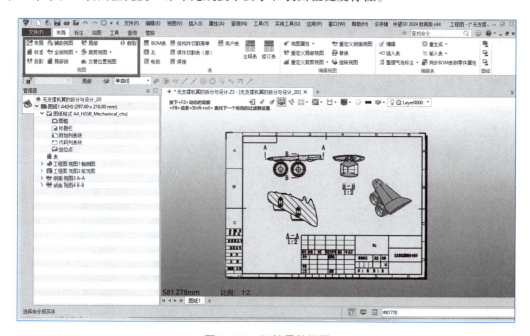

图 2-120 摆放零件视图

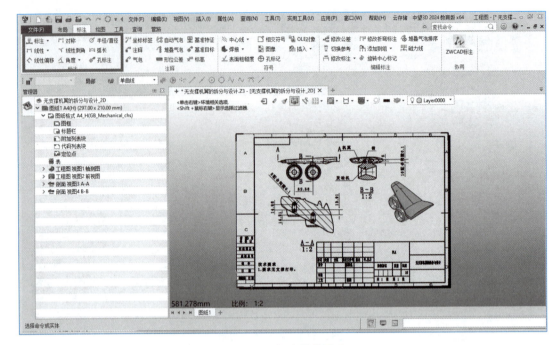

图 2-121 标注零件尺寸

3．模型渲染图基本流程

可单击材质属性应用至模型属性，编辑视觉样式（见图2-122），然后选择"视觉样式"→"设置属性"命令进行产品渲染（见图2-123），渲染完成后如图2-124所示。

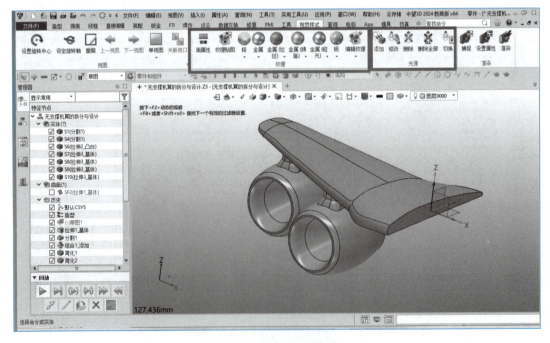

图 2-122 编辑视觉样式

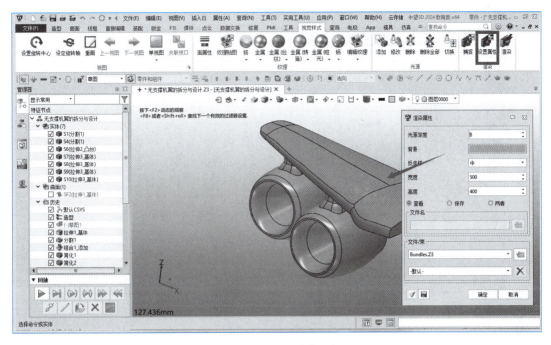

图 2-123　设置渲染属性

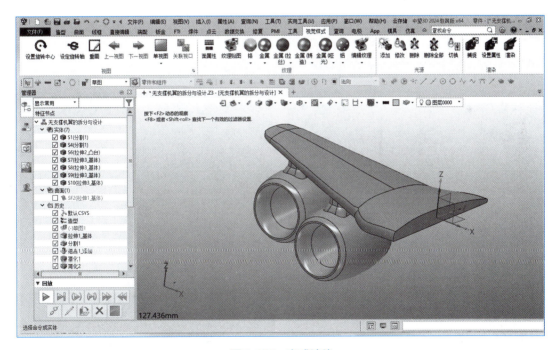

图 2-124　完成渲染

4．打印前处理——模型切片

打印切片设置：根据材料和3D打印机的特性，设置打印参数，包括层厚、填充密度、打印速度等（见图2-125）并发送至打印机打印（打印时间：2 h 26 min）。

视　频

机翼切片

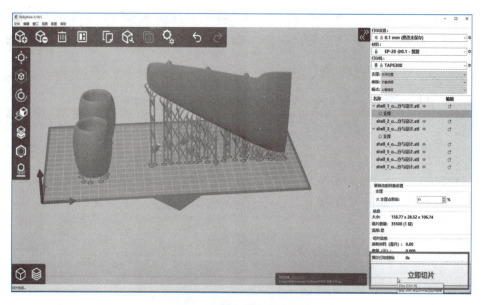

图 2-125　打印切片设置

5. 实施打印与后处理

（1）3D打印机会逐层堆积固化材料，逐渐形成零件实体（见图2-126）。

（2）打印完成后去除支撑（如图2-127）。

（3）进行酒精清洗（见图2-128）。

（4）进行紫外线固化（见图2-129）及打磨。

• 视　频 •
机翼打印

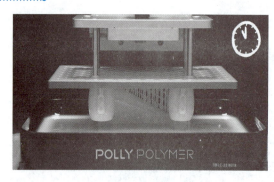

图 2-126　实施打印

图 2-127　去除支撑

图 2-128　酒精清洗

图 2-129　紫外线固化

任务3　空心球卡扣连接拼装设计与成型

任务要求

如图2-130所示的一实心体带一侧端面的球，要求按照图形所示尺寸完成模型的绘制（未注圆角R2），要求按照剖分位置平面将球体分解为两部分并抽壳处理，壳体壁厚2 mm，上下壳连接形式采用卡扣连接，方便拆分。预期效果如图2-131所示。

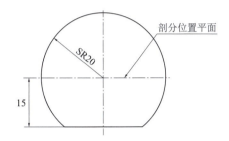

图 2-130　实体球尺寸（单位：mm）　　　　　图 2-131　预期效果图

提交文件：

① 模型。格式要求为step，stl；存储命名要求如"zhangsan-stl" "张三-step"。

② 爆炸视图的工程图。格式要求为pdf。

③ 爆炸渲染图。格式要求为jpeg；分辨率不低于1 280 ppi。

（3）考核评价标准：

	评 分 项 目	测 量 分	主 观 分	各项得分
3D 建模	1. 模型体积大小	10	—	
	2. 模型工程图规范	5	—	
	3. 模型渲染图规范	5	—	
	4. 命名及存储规范	—	5	
打印切片	1. 正确使用切片软件并完成切片	5		
	2. 输出切片文件并格式正确	5		
打印及后处理	1. 模型打印完整且质量好	10		
	2. 打印后处理规范性	5		
	总　　分（满分50）			

任务实施

1. 空心球模型三维基本流程

1）空心球基础建模

选择"造型"→"草图"命令，任意选择一个平面进入草图绘制轮廓界面（见图2-132），选中草图使用"旋转"命令做出实体模型，如图2-133所示。

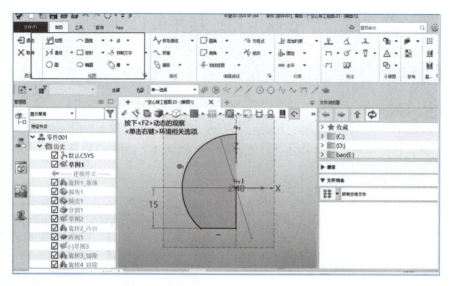

图 2-132　绘制球草图轮廓

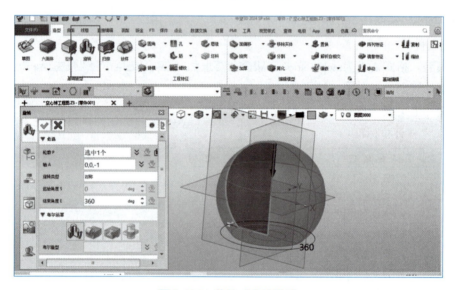

图 2-133　旋转球实体模型

2）空心球卡扣设计

　　选择"造型"→"抽壳"命令，选择实体零件进行抽壳操作，注意抽壳方向（见图2-134）。选择"造型"→"分割"命令，选择要求分割的平面分割实体（见图2-135），先隐藏上壳模型，进入合适的"草图"，绘制下壳的子扣草图（见图2-136）。使用"旋转"命令对草图进行对称旋转（见图2-137）。使用"阵列"数量大于2或者等于2的子孔数量（见图2-138），继续绘制上壳的母扣草图，母扣尺寸稍微大于子扣，这样才不影响安装（见图2-139）。使用"旋转"命令，分别旋转出两个母扣槽（见图2-140、图2-141），适当添加倒角，打印时可以避免支撑（见图2-142）。使用"阵列"命令做出和子扣一样数量的凹槽（见图2-143），最后使用提取模型把上下壳分开，如图2-144、图2-145所示。

模块二 设计模型与成型　71

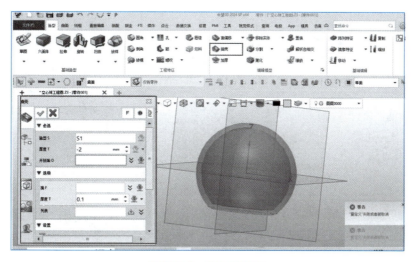

图 2-134　抽壳实体球

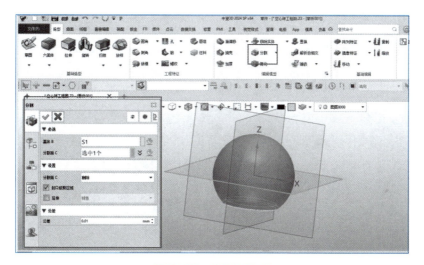

图 2-135　分割实体球

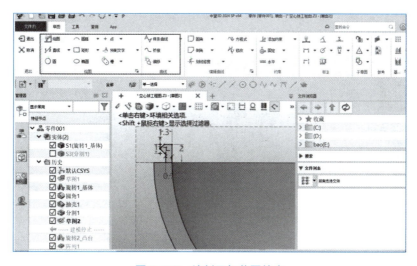

图 2-136　绘制子扣草图轮廓

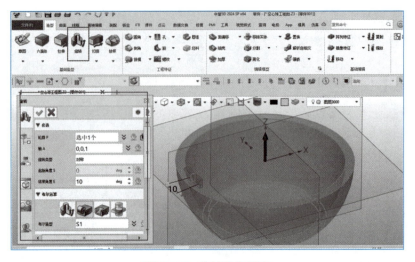

图 2-137　旋转子扣轮廓

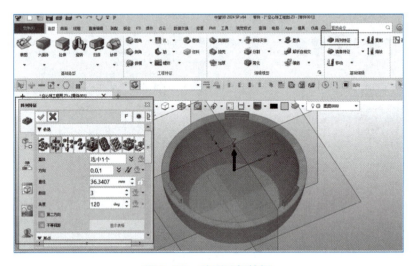

图 2-138　阵列子扣特征

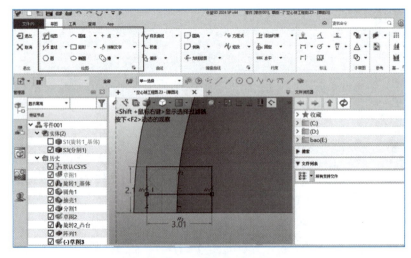

图 2-139　绘制母扣轮廓

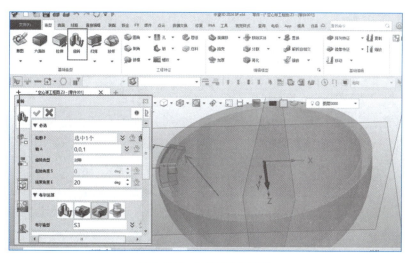

图 2-140 旋转母扣轮廓 1

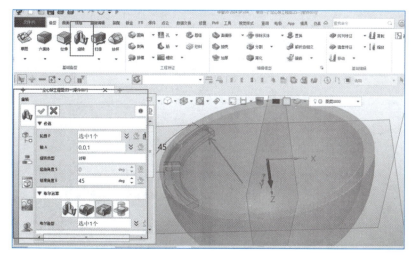

图 2-141 旋转母扣轮廓 2

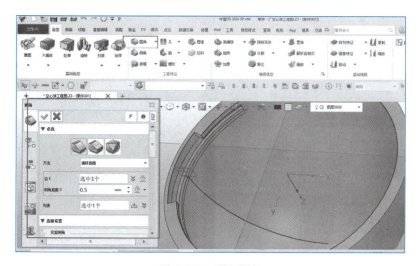

图 2-142 添加倒角

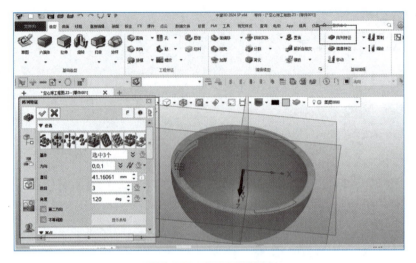

图 2-143　阵列凹槽特征

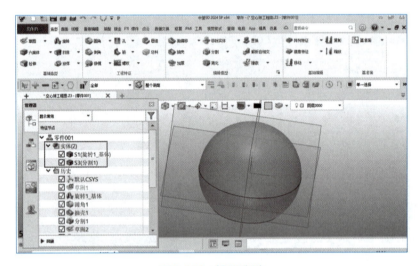

图 2-144　提取造型

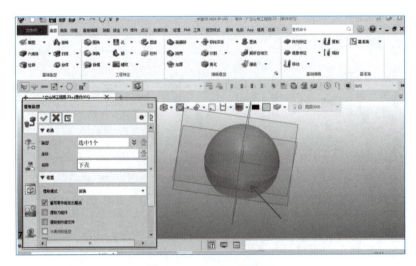

图 2-145　提取造型设置

2. 模型二维工程图基本流程

选择"布局"→"标准"命令，摆放出合理的零件视图（全剖视图等）（见图2-146），轴测图、爆炸视图需要通过高级设置放置（见图2-147），再用"标注"→"尺寸"命令完成工程图的尺寸标注（见图2-148）。使用"标注"→"自动气泡"命令添加序号（见图2-149），最后使用"布局"→"BOM表"命令完成明细表，放置在适合的地方，如图2-150所示。

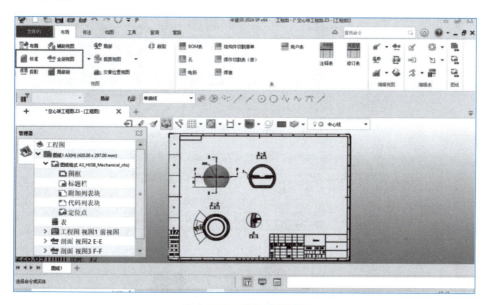

图 2-146　摆放零件视图

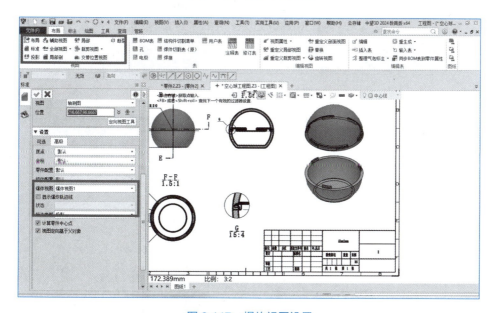

图 2-147　爆炸视图设置

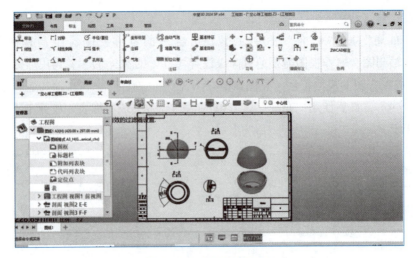

图 2-148　标注图纸尺寸

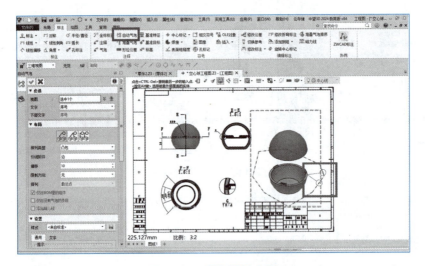

图 2-149　添加图纸序号

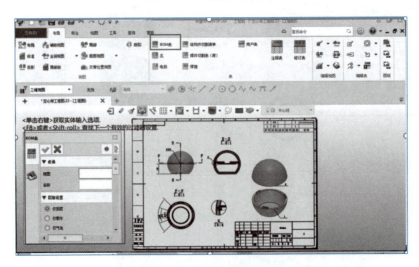

图 2-150　添加零件明细表

3. 模型渲染图基本流程

选择"视觉样式"→"面属性"命令,给零件赋予颜色设置,同时也可以添加材料特性(见图2-151),设置合理的光源使零件更加真实(见图2-152),进行产品渲染,设置相机属性(见图2-153)。最后使用"捕捉"命令输出渲染图,如图2-154所示。

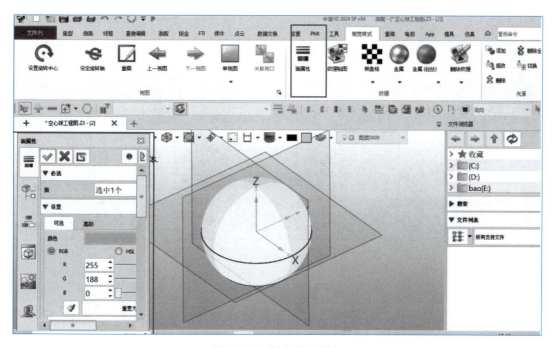

图 2-151 编辑视觉样式

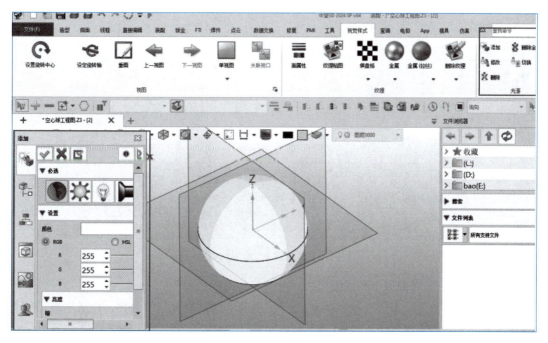

图 2-152 设置灯光属性

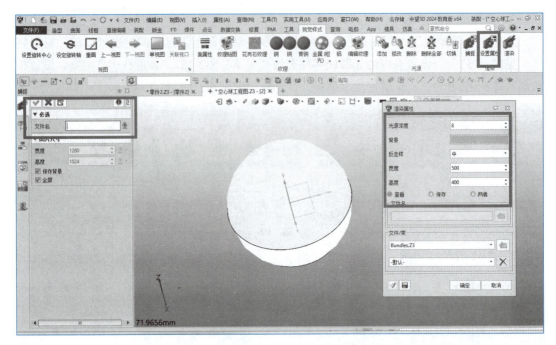

图 2-153　设置相机属性

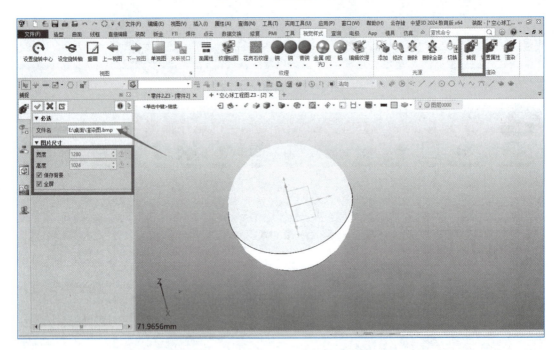

图 2-154　输出渲染图

4．打印前处理——模型切片

打印切片设置：根据材料和3D打印机的特性，设置打印参数，包括层厚、填充密度、打印速度等（见图2-155）并发送至打印机打印（打印时间：1 h）。

• 视　频 •

空心球切片

模块二 设计模型与成型　79

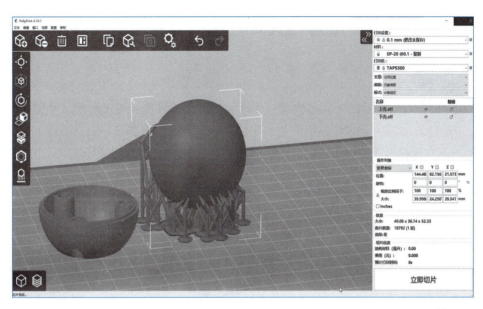

图 2-155　打印切片设置

5. 实施打印与后处理

（1）3D打印机会逐层堆积固化材料，逐渐形成零件实体（见图2-156）。

（2）打印完成后去除支撑（见图2-157）。

（3）进行酒精清洗（见图2-158）。

（4）进行紫外线固化（见图2-159）及打磨。

视　频
空心球打印

图 2-156　实施打印　　　　　　　　　图 2-157　去除支撑

图 2-158　酒精清洗　　　　　　　　　图 2-159　紫外线固化

任务4　空心球凸柱定位连接拼装设计与成型

任务要求

（1）如图2-160所示的一实心体带一侧端面的球，要求按照图形所示尺寸完成模型的绘制（未注圆角R2），要求按照剖分位置平面将球体分解为两部分并抽壳处理，壳体壁厚2 mm，上下壳连接形式采用凸柱定位连接，方便拆分。预期效果如图2-161所示。

图 2-160　实心球尺寸（单位：mm）　　　　图 2-161　预期效果图

（2）提交文件：

① 模型。格式要求为step，stl；存储命名要求如"zhangsan-stl""张三-step"。

② 爆炸视图的工程图。格式要求pdf。

③ 爆炸渲染图。格式要求为jpeg；分辨率不低于1 280 ppi。

（3）考核评价标准：

	评分项目	测量分	主观分	各项得分
3D 建模	1. 模型体积大小	10	—	
	2. 模型工程图规范	5	—	
	3. 模型渲染图规范	5	—	
	4. 命名及存储规范	—	5	
打印切片	1. 正确使用切片软件并完成切片	5	—	
	2. 输出切片文件并格式正确	5	—	
打印及后处理	1. 模型打印完整且质量好	10	—	
	2. 打印后处理规范性	5	—	
	总　　分（满分50）			

任务实施

1. 空心球模型三维基本流程

1）空心球基础建模

选择"造型"→"草图"命令，任意选择一个平面进入草图绘制界面，绘制轮廓（见图2-162），选中草图，使用"旋转"命令做出实体模型，如图2-163所示。

模块二 设计模型与成型 81

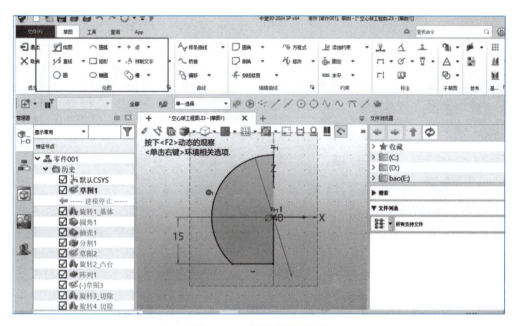

图 2-162 绘制球草图轮廓

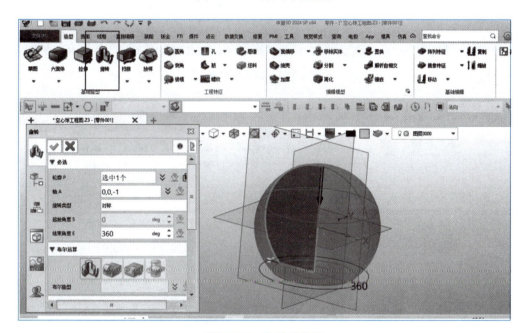

图 2-163 旋转球实体

2）空心球凸柱设计

选择"造型"→"抽壳"命令，选择实体零件进行抽壳操作，注意抽壳方向（见图2-164）。选择"造型"→"分割"命令，选择要求分割的平面分割实体（见图2-165）。先隐藏上壳模型。进入刚刚分割的平面绘制公止口的草图（见图2-166），使用"拉伸"命令拉伸出公止口的实体轮廓（见图2-167），进入零件的回转平面绘制凸柱外轮廓草图（见图2-168）。使用"旋转"命令旋转出外轮廓实体（见图2-169），将刚刚旋转出来的实体使用"阵列特征"环形阵列出三个(见图2-170),选择多余的数据使用"简化"命令进行删除(见图2-171)。

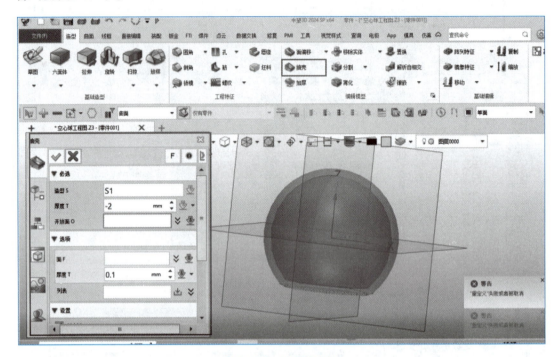

图 2-164　抽壳球实体

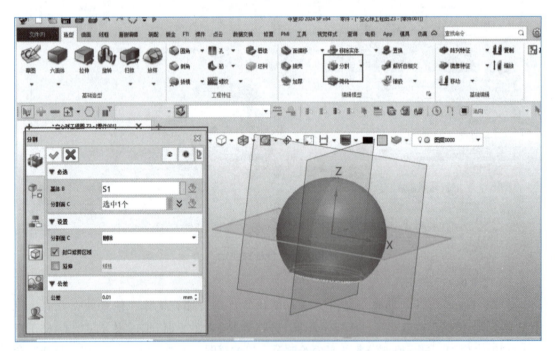

图 2-165　分割球实体

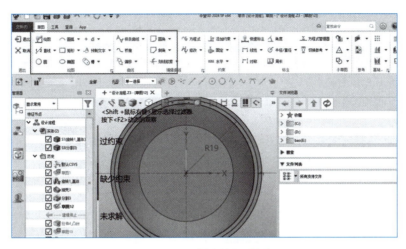

图 2-166 绘制公止口轮廓

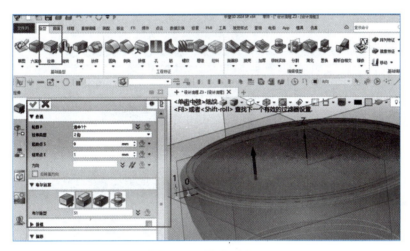

图 2-167 拉伸公止口

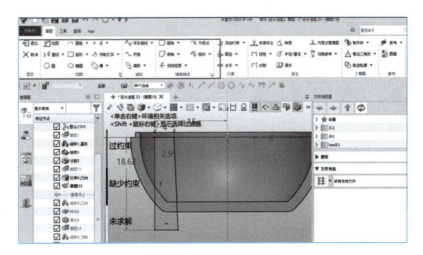

图 2-168 绘制凸柱轮廓

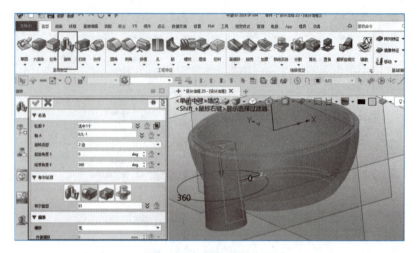

图 2-169　旋转凸柱实体

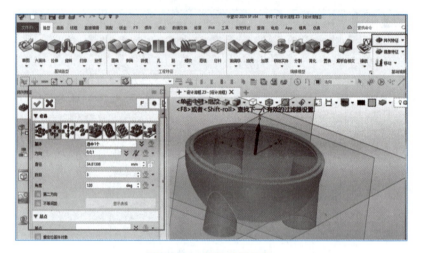

图 2-170　镜像凸柱特征

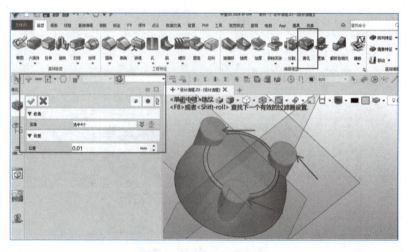

图 2-171　简化多余造型

再次进入刚刚绘制外轮廓平面进行螺钉安装绘制（见图2-172），绘制完后使用"旋转"命令剪切出安装位置（见图2-173），将刚刚旋转出来的安装孔使用"阵列特征"命令环形阵列出三个（见图2-174）。

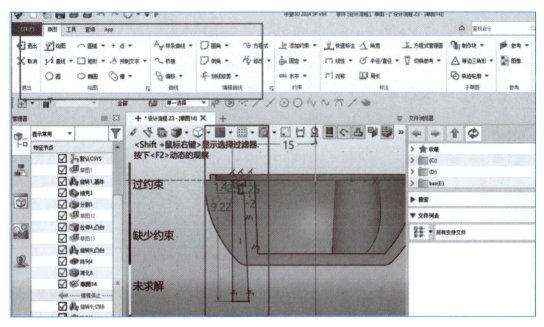

图 2-172　绘制凸柱内孔轮廓

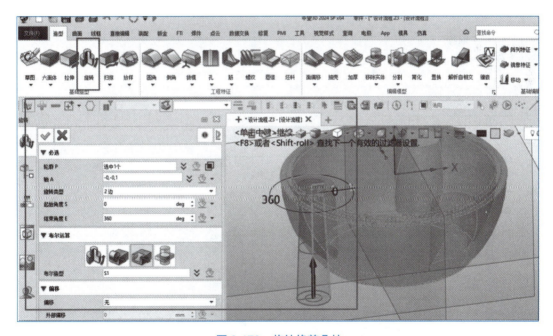

图 2-173　旋转修剪凸柱

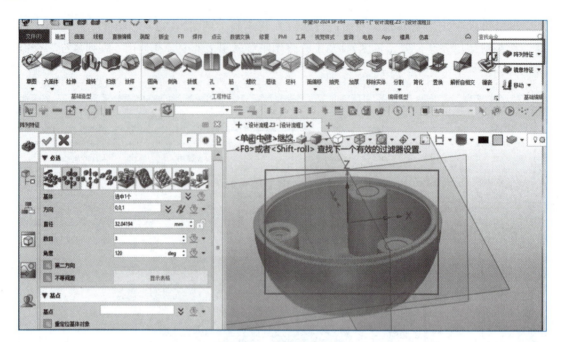

图 2-174　镜像修剪特征

暂时隐藏下壳，进行上壳的绘制。使用同样的办法继续上壳的母止口绘制，这里是减运算拉伸（见图2-175、图2-176），将下壳取消隐藏，进入上壳的回转平面绘制凸柱草图（见图2-177），可以参考下壳的实体轮廓（见图2-178），绘制完成后使用"旋转"命令旋转出实体模型与上壳合并。

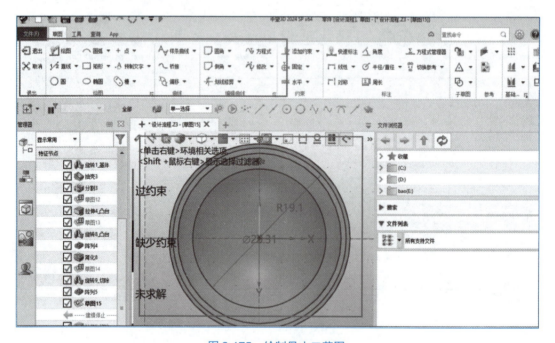

图 2-175　绘制母止口草图

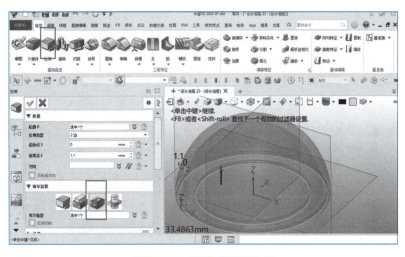

图 2-176 拉伸减运算上壳

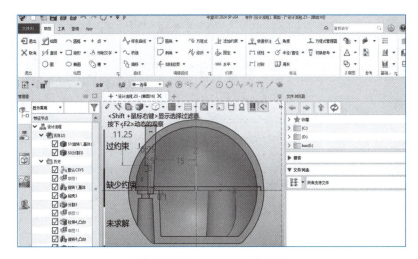

图 2-177 绘制配合凸柱轮廓

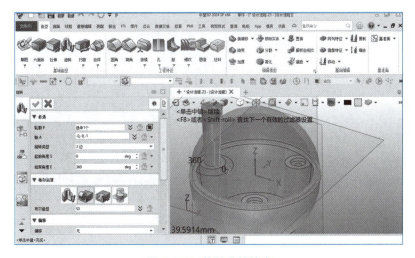

图 2-178 旋转凸柱轮廓

将刚刚旋转出来的安凸柱使用"阵列特征"命令环形阵列出三个（见图2-179），再选择多余的数据，使用"简化"命令进行删除（见图2-180），最后将上壳用右键快捷菜单中的"提取造型"命令分离出来（见图2-181、图2-182）。

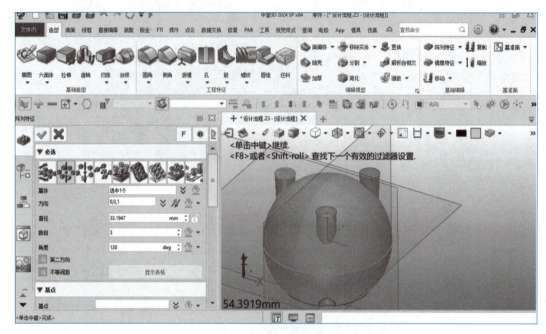

图 2-179　阵列凸柱特征

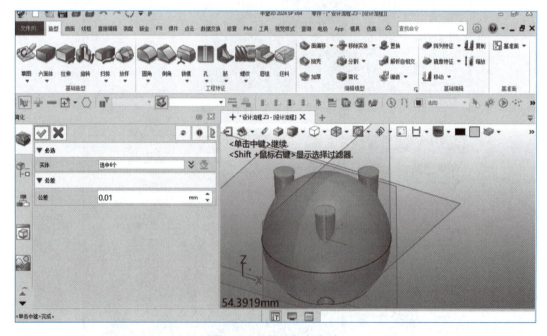

图 2-180　简化多余造型

模块二　设计模型与成型　89

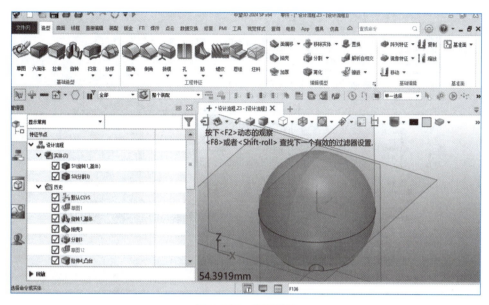

图 2-181　提取实体

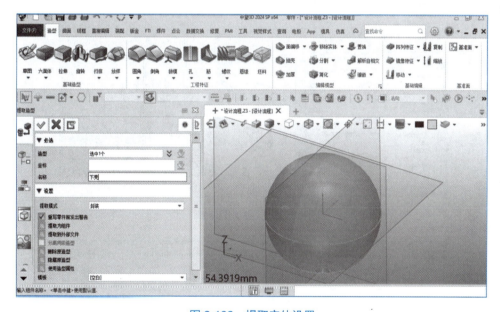

图 2-182　提取实体设置

2. 蘑菇模型二维工程图基本流程

选择"布局"→"标准"命令，摆放出合理的零件视图（全剖视图等）（见图2-183），轴测图、爆炸视图需要通过高级设置放置（见图2-184），再用"标注"→"尺寸"命令完成工程图的尺寸标注（见图2-185），使用"标注"→"自动气泡"命令添加序号（见图2-186），最后使用"布局"→"BOM表"命令完成明细表设置，放置在合适的地方，如图2-187所示。

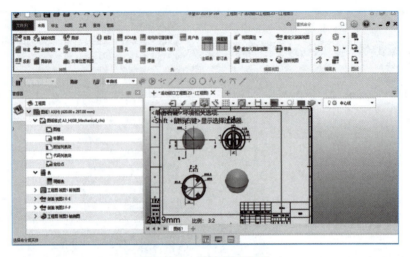

图 2-183　摆放零件视图

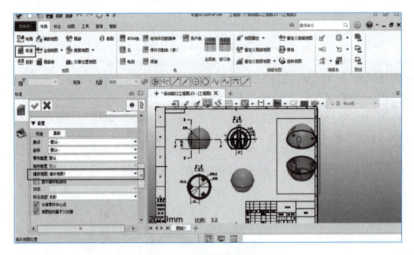

图 2-184　爆炸图设置

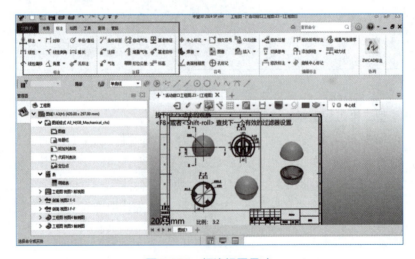

图 2-185　标注视图尺寸

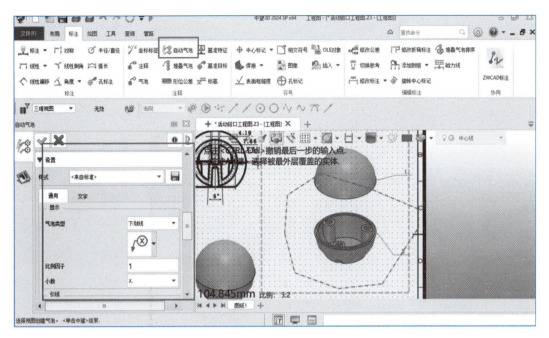

图 2-186　标注零件序号

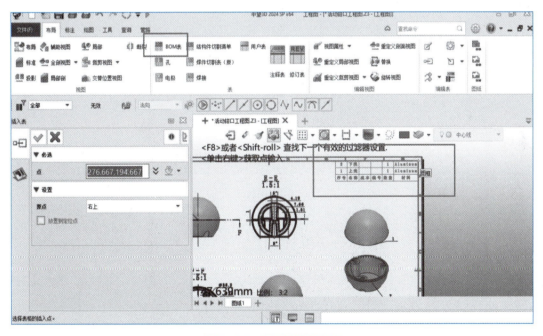

图 2-187　调用图纸明细表

3．模型渲染图基本流程

选择"视觉样式"→"面属性"命令，给零件赋予颜色设置，同时也可以添加材料特性（见图2-188），设置合理的光源使零件更加真实（见图2-189），进行产品渲染（见图2-190），最后使用"捕捉"命令输出渲染图，如图2-191所示。

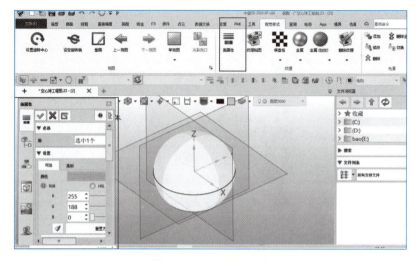

图 2-188　设置面属性

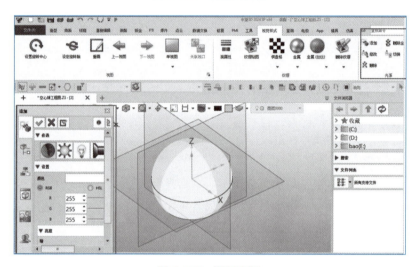

图 2-189　设置光源

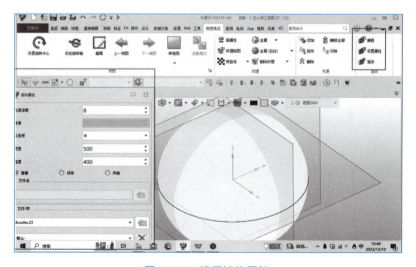

图 2-190　设置渲染属性

模块二 设计模型与成型　93

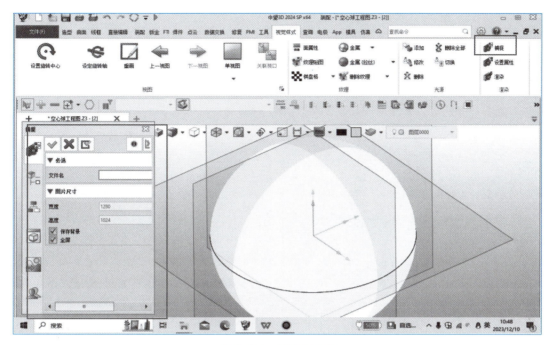

图 2-191　输出渲染图

4．打印前处理——模型切片

打印切片设置：根据材料和3D打印机的特性，设置打印参数，包括层厚、填充密度、打印速度等（见图2-192）并发送至打印机打印（打印时间：59 min）。

视　频

空心球凸柱切片

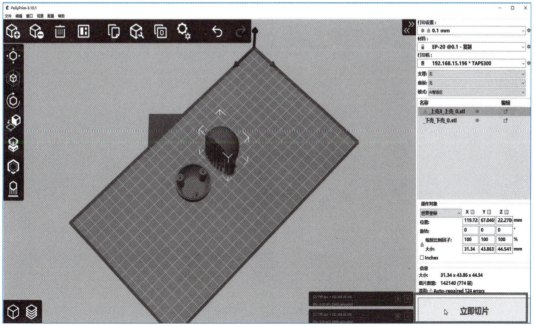

图 2-192　打印切片设置

视频

空心球凸柱打印

5. 实施打印与后处理

（1）3D打印机会逐层堆积固化材料，逐渐形成零件实体（见图2-193）。

（2）打印完成后去除支撑（见图2-194）。

（3）进行酒精清洗（见图2-195）。

（4）进行紫外线固化（见图2-196）及打磨。

图 2-193　实施打印

图 2-194　去除支撑

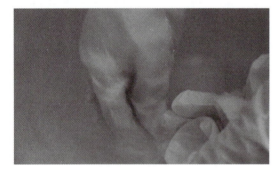

图 2-195　酒精清洗

图 2-196　紫外线固化

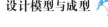

单元三
一体化模型的绘制与成型

单元目标

1. 具备运用3D建模软件完成不同种类一体化模型绘制的能力。
2. 具备运用3D建模软件完成零件工程图绘制的能力。
3. 具备运用3D建模软件完成模型渲染的能力。
4. 具备模型切片的能力。
5. 具备运用光固化成型打印机打印的能力。
6. 具备打印零件后处理的能力。

建议学时：6。

知识链接

一体化3D打印模型是指使用3D打印技术将整个模型作为一个单一的实体进行打印，而不需要将其分成多个部分进行后期的组装。这种模型通过将所有的组件或部件整合到一个设计文件中，并使用适当的支撑结构进行打印，从而实现一次性打印出完整的模型。

一体化3D打印模型的特点包括：

（1）简便与高效：由于无须进行分割和后期组装，一体化3D打印模型的制作过程更加简便和高效。

（2）结构完整：一体化3D打印模型能够保持整体结构的完整性，避免了在组装过程中可能出现的松动或不稳定的问题。

（3）设计复杂：一体化3D打印模型可以实现更复杂的设计，因为不再受到零部件分割和组装的限制。

（4）连接点少：在传统的组装模型中，需要考虑并实现合适的连接点，而一体化3D打印模型可以减少这些连接点，提高模型的强度和稳定性。

（5）材料浪费少：一体化3D打印模型利用3D打印技术的优势，无需额外的连接材料，减少了材料的浪费。

一体化3D打印模型可以应用于各种领域，包括工业制造、医疗器械、建筑设计等。通过使用3D建模软件进行设计，并选择适当的3D打印技术和材料，可以实现具有高度个性化和复杂性特点的一体化3D打印模型制作。

材料及数据：图纸附件、正向软件（fusion360/中望3D等三维软件不限）、3D打印切片软件、光固化打印机。

任务1　可回弹一体化夹的设计与成型

任务要求

图2-197所示为传统木夹子结构，传统回弹是采用回弹弹簧来夹取。现要求按照3D打印的结构工艺设计一个一体化夹子零件，整体采用材料的塑性回弹特性来完成夹取，要求零件尺寸60 mm长、30 mm宽、10 mm厚。整体零件为单一零件。

图 2-197　夹子传统结构

图 2-198　产品效果图

提交文件：

① 设计模型。格式要求为step，stl；存储命名要求如"zhangsan-stl""张三-step"。

② 工程图。格式要求为pdf；存储命名要求如"zhangsan-pdf"。

③ 渲染图。格式要求为jpeg；分辨率不低于1 280 ppi；存储命名如"zhangsan-jepg"。

（3）考核评价标准：

	评分项目	测量分	主观分	各项得分
3D建模	1. 模型体积大小	10	—	
	2. 模型工程图规范	5	—	
	3. 模型渲染图规范	5	—	
	4. 命名及存储规范	—	5	
打印切片	1. 正确使用切片软件并完成切片	5	—	
	2. 输出切片文件并格式正确	5	—	
打印及后处理	1. 模型打印完整且质量好	10	—	
	2. 打印后处理规范性	5	—	
总　　分（满分50）				

任务实施

1．模型三维建模基本流程

1）绘制草图

选择"造型"→"草图"命令创建任意草图（见图2-199），使用"草图"环境下的功能完成夹子毛胚草图的绘制（见图2-200），然后重复创建草图绘制夹子弹性的区域轮廓草图(见图2-201),之后重复创建草图绘制夹子弹性的区域轮廓草图(见图2-202),最后再次重复创建草图绘制夹持处的封闭轮廓草图(见图2-203)。

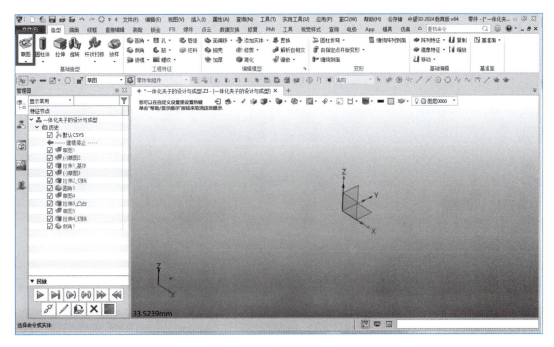

图 2-199 创建草图

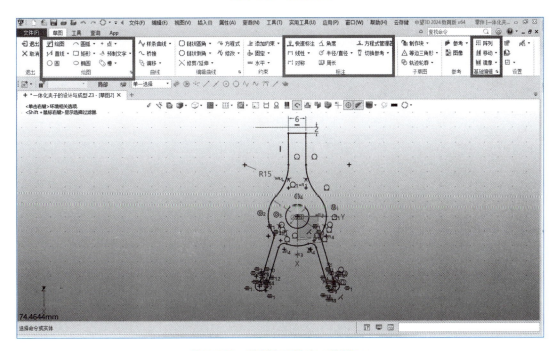

图 2-200 绘制夹子轮廓(草图1)

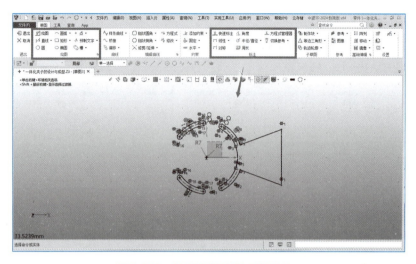

图 2-201　绘制修剪轮廓（草图 2）

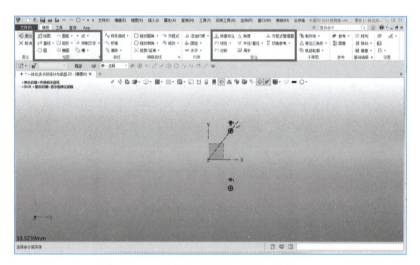

图 2-202　绘制夹子限位块轮廓（草图 3）

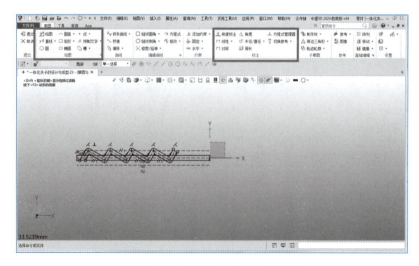

图 2-203　绘制夹子缝隙轮廓（草图 4）

2）拉伸夹子草图轮廓

选择"造型"→"拉伸"命令拉伸草图1（见图2-204）；选择草图2进行拉伸，进行布尔减运算（见图2-205）；然后拉伸草图3，进行布尔加运算(见图2-206)；最后对草图4使用拉伸布尔减运算命令（见图2-207）。

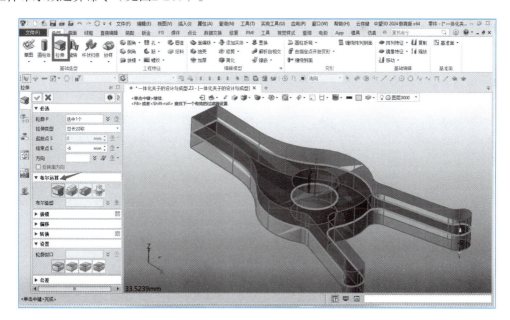

图 2-204　拉伸夹子轮廓

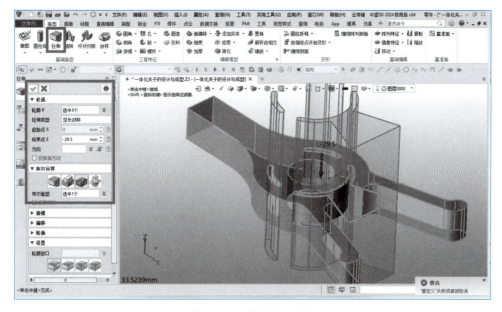

图 2-205　修剪夹子造型

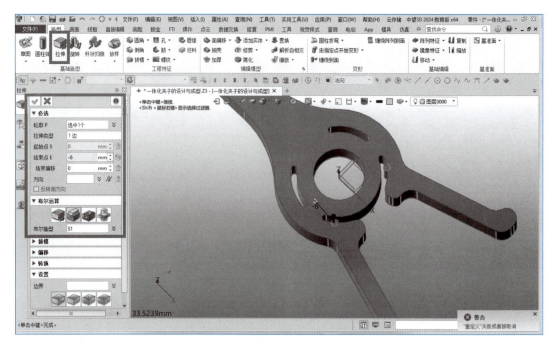

图 2-206　拉伸夹子限位块

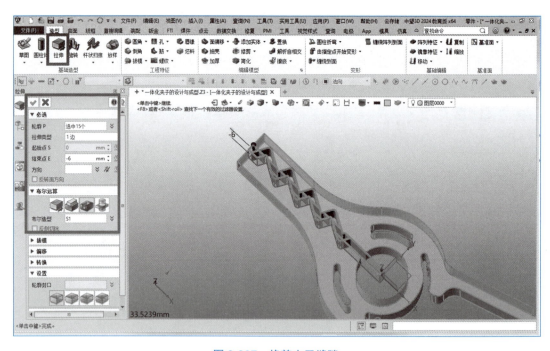

图 2-207　修剪夹子缝隙

3）倒圆倒角处理

选择工程特征中的"圆角"和"倒角"命令，对零件进行倒圆、倒角处理（见图2-208、图2-209）。

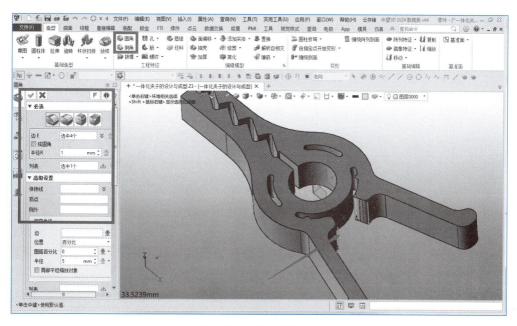

图 2-208　夹子倒圆处理

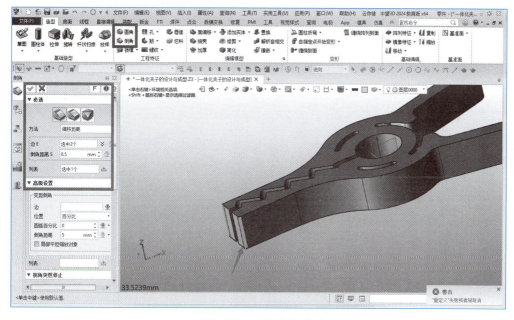

图 2-209　夹子倒角处理

2．模型二维工程图基本流程

选择"布局"→"标准"命令，摆放出合理的零件视图（局部视图、剖视图等）（见图2-210），再用"标注"→"尺寸"命令，完成工程图的尺寸标注（见图2-211），最后用"文字"命令和"表面粗糙度"命令完成技术要求和表面粗糙度标注。

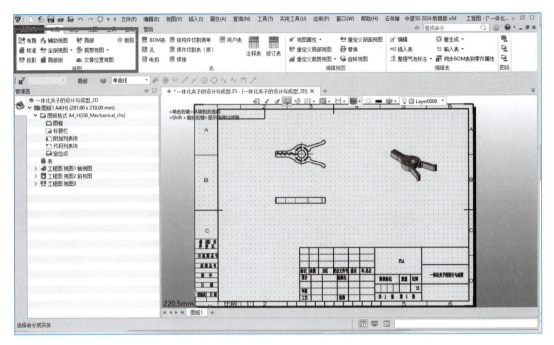

图 2-210 摆放零件视图

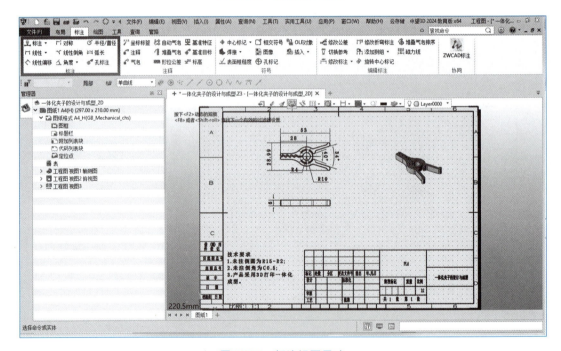

图 2-211 标注视图尺寸

3. 模型渲染图基本流程

可单击材质属性应用至模型，设置面属性（见图2-212），然后使用"视觉样式"→"设置属性"命令进行产品渲染（见图2-213）。完成图如图2-214所示。

模块二 设计模型与成型 103

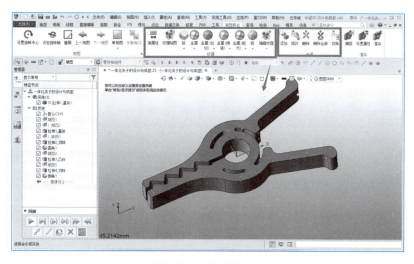

图 2-212 设置面属性

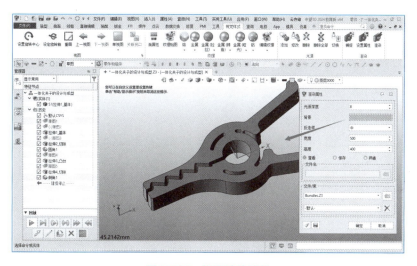

图 2-213 设置渲染属性

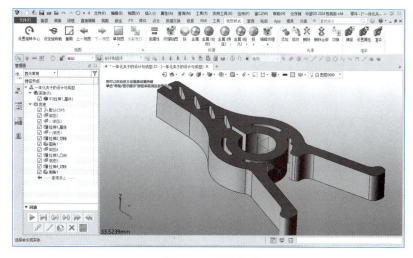

图 2-214 渲染完成

4. 打印前处理——模型切片

打印切片设置：根据材料和3D打印机的特性，设置打印参数，包括层厚、填充密度、打印速度等（见图2-215），发送至打印机打印（打印时间：8 min）。

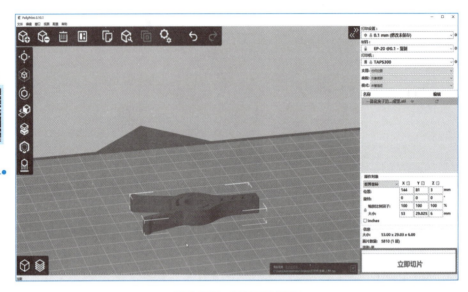

图 2-215　打印切片设置

5. 实施打印与后处理

（1）3D打印机会逐层堆积固化材料，逐渐形成零件实体（见图2-216）。
（2）打印完成后进行取件（见图2-217）。
（3）进行酒精清洗（见图2-218）。
（4）进行紫外线固化（见图2-219）及打磨。

图 2-216　实施打印

图 2-217　取件

图 2-218　酒精清洗

图 2-219　紫外线固化

任务2　关节类一体化玩具的设计与成型

任务要求

（1）为满足市场关于鱼类玩具的需求，现需要利用3D打印的方式设计一款鱼类可动关节类玩具，主要特征含鱼头和鱼骨，如图2-220所示，鱼的外形尺寸为85 mm×35 mm×10 mm，要求打印为整体打印，无支撑打印。打印效果如图2-221所示。

图 2-220　鱼骨示意图

图 2-221　预期效果图

（2）提交文件：

① 设计模型。格式要求为step，stl；存储命名要求如"zhangsan-stl""张三-step"。

② 工程图。格式要求为pdf；存储命名要求如"zhangsan-pdf"。

③ 渲染图。格式要求为jpeg；分辨率不低于1 280 ppi；存储命名要求如"zhangsan-jepg"。

（3）考核评价标准：

	评 分 项 目	测 量 分	主 观 分	各 项 得 分
3D 建模	1．模型体积大小	10	—	
	2．模型工程图规范	5	—	
	3．模型渲染图规范	5	—	
	4．命名及存储规范	—	5	
打印切片	1．正确使用切片软件并完成切片	5	—	
	2．输出切片文件并格式正确	5	—	
打印及后处理	1．模型打印完整且质量好	10	—	
	2．打印后处理规范性	5	—	
总　　分（满分 50）				

任务实施

1．模型三维建模基本流程

1）绘制草图

（1）选择"造型"→"草图"命令创建任意草图（见图2-222），使用"草图"→"图像"命令插入图像，进行辅助设计（见图2-223），然后单击"退出"按钮，退出草图界面。

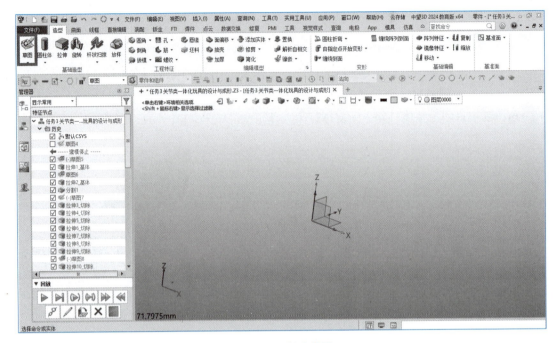

图 2-222 创建草图

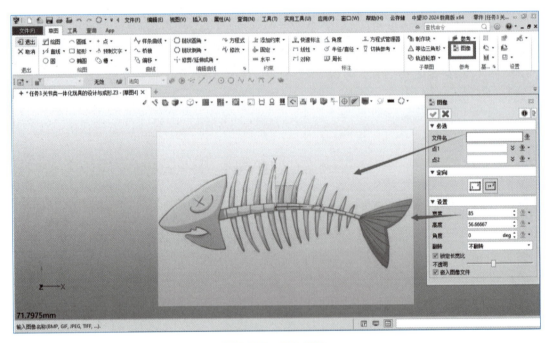

图 2-223 插入图像

（2）选择"造型"→"草图"命令再次创建草图，使用"草图"环境下的功能及利用尺寸功能完成鱼骨轮廓草图的绘制（见图2-224）。

模块二 设计模型与成型 107

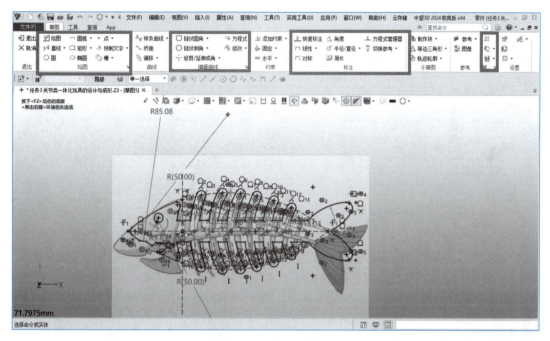

图 2-224 绘制鱼骨轮廓

2）拉伸草图轮廓

选择"造型"→"拉伸"命令拉伸草图，输入距离，选择拉伸类型为"总长对称"（见图2-225）。

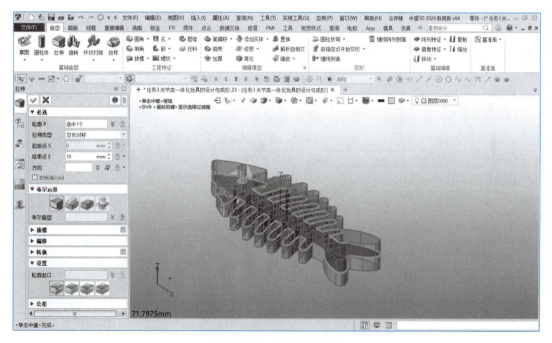

图 2-225 拉伸鱼骨造型

3）绘制草图

选择"造型"→"草图"命令再次在XY平面创建草图，使用"草图"→"绘图"命令链接每个鱼骨结点（见图2-226）。

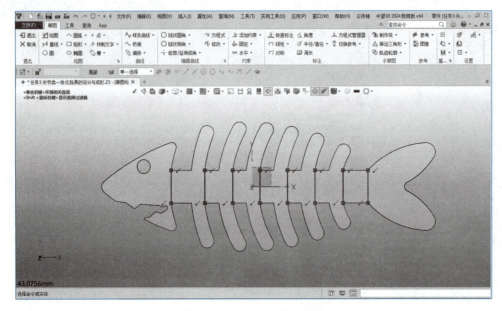

图 2-226　绘制鱼骨分割线

4）分割实体

选择"造型"→"拉伸"命令拉伸草图，选择图2-226中草图6进行"拉伸"，输入距离，选择拉伸类型为"总长对称"，拉伸成曲面（见图2-227），然后使用"造型"→"分割"命令将单个实体分割成多实体（见图2-228）。

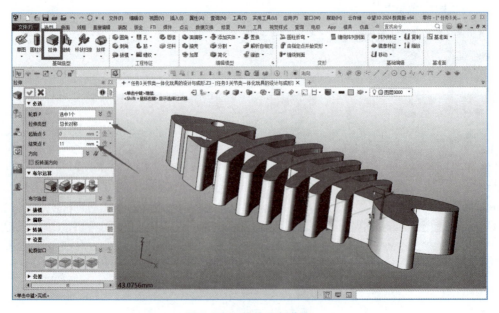

图 2-227　拉伸分割曲线

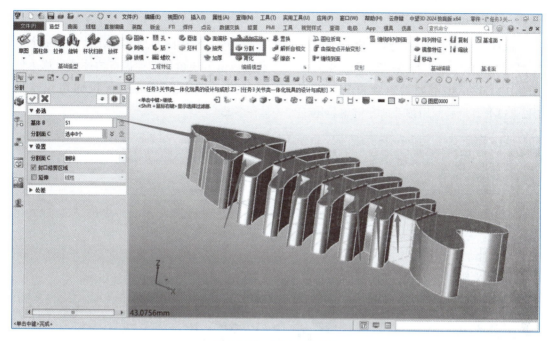

图 2-228　分割鱼骨实体

5）绘制草图

选择"造型"→"草图"命令再次创建草图，使用"草图"环境下的功能及利用尺寸功能完成鱼骨铰链轮廓的绘制（见图2-229）。

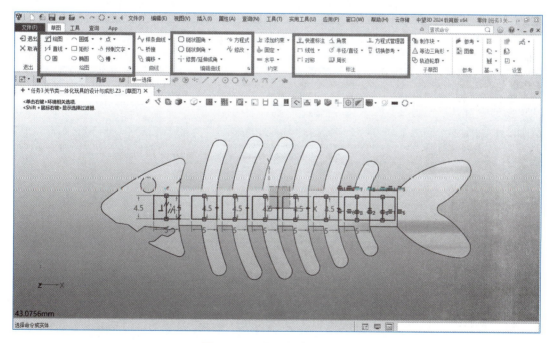

图 2-229　绘制鱼骨铰链轮廓

6）拉伸模型

选择"造型"→"拉伸"命令，打开轮廓封闭区域，使用图2-229中草图7，对每个对象对应的布尔造型进行减运算（见图2-230），其余铰链方块也如上述进行拉伸减运算（见图2-231），鱼尾处需单独进行特征绘制（见图2-232），然后进行拉伸切除（见图2-233），最后使用移动命令调整鱼尾位置（见图2-234）。

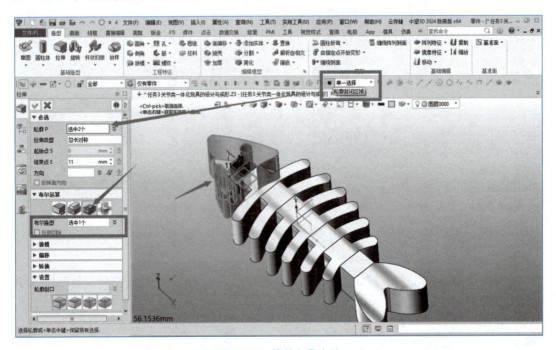

图 2-230 修剪鱼骨实体

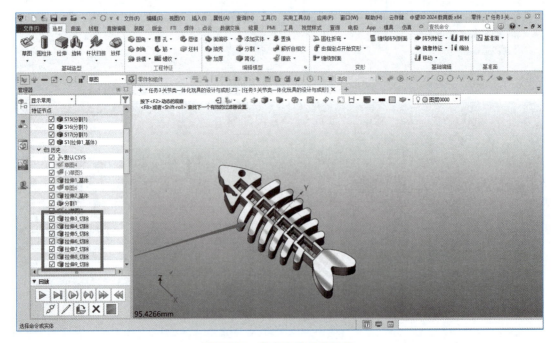

图 2-231 修剪鱼骨每个关节

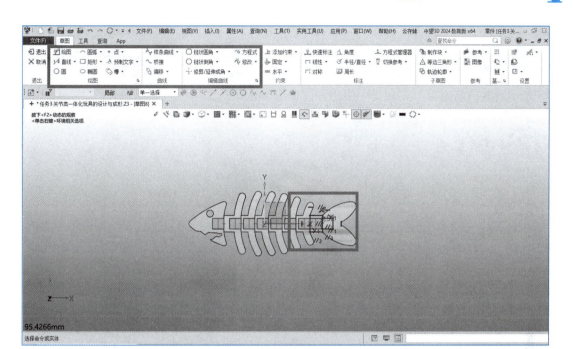

图 2-232　绘制鱼尾铰链

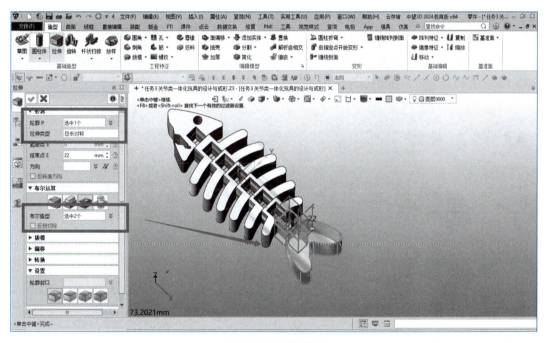

图 2-233　修剪鱼尾

3D 打印成型典型案例

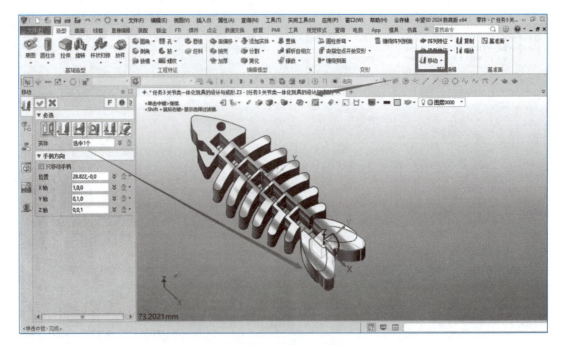

图 2-234　移动鱼尾造型

7）拉伸模型

选择"造型"→"拉伸"命令，打开轮廓封闭区域，使用处理后的草图7对每个对象对应的布尔造型进行加运算（见图2-235），其余铰链方块也如上述进行拉伸加运算（见图2-236），鱼尾处拉伸需拉伸为基体。

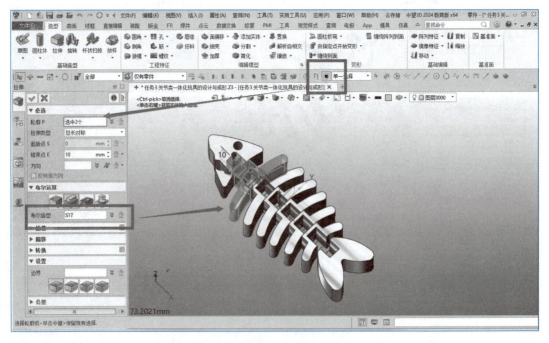

图 2-235　拉伸铰链块

模块二 设计模型与成型　113

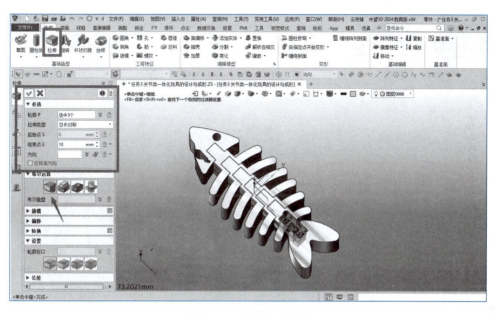

图 2-236　拉伸鱼尾铰链

8）绘制草图

选择"造型"→"草图"命令再次创建草图，使用"草图"环境下的功能及利用尺寸功能完成铰链间隙曲线的绘制（见图2-237）。

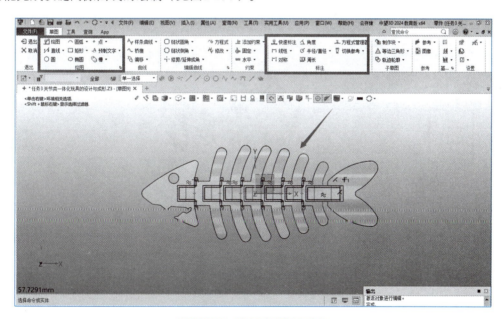

图 2-237　绘制铰链间隙曲线

9）拉伸模型

选择"造型"→"拉伸"命令，选择轮廓封闭区域，使用图2-237中草图9生成曲面（见图2-238），再用拉伸成型的曲面对实体用"修剪"命令修剪出配合间隙（见图2-239）。

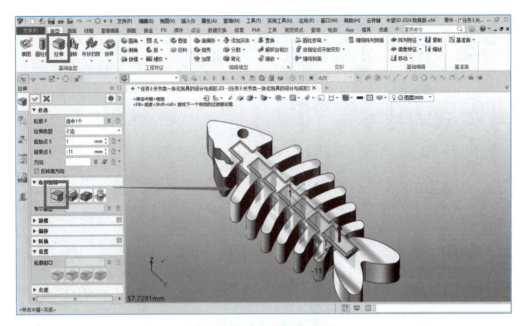

图 2-238 拉伸铰链间隙曲线

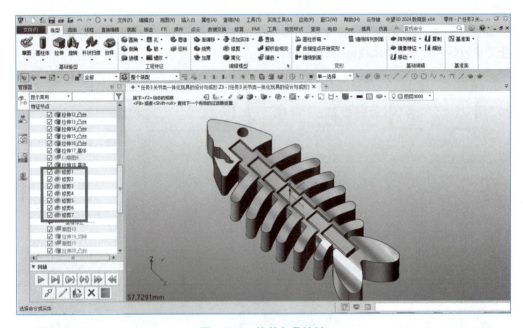

图 2-239 修剪鱼骨铰链

10）绘制铰链孔

选择"造型"→"草图"命令在XZ平面创建草图，使用"草图"环境下的功能及使用尺寸功能完成铰链孔轮廓的绘制（见图2-240）。使用"造型"→"拉伸"命令，打开轮廓封闭区域，使用图2-240中草图10，对每个对象对应的布尔造型进行减运算（见图2-241）。

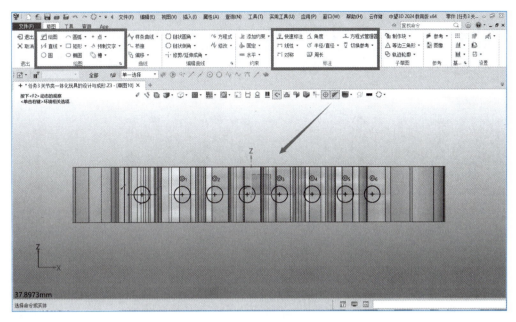

图 2-240 绘制铰链孔轮廓

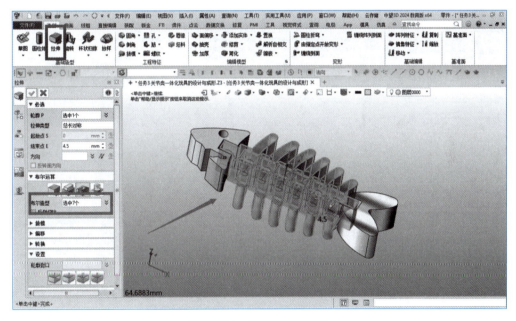

图 2-241 拉伸修剪铰链孔

11)绘制铰链杆

选择"造型"→"草图"命令在 XZ 平面创建草图,使用"草图"环境下的功能及使用尺寸功能完成铰链杆轮廓的绘制(见图 2-242)。使用"造型"→"拉伸"命令,打开轮廓封闭区域,使用图 2-242 中草图 11,对每个对象对应的布尔造型进行减运算(见图 2-243),最后将模型进行组合。

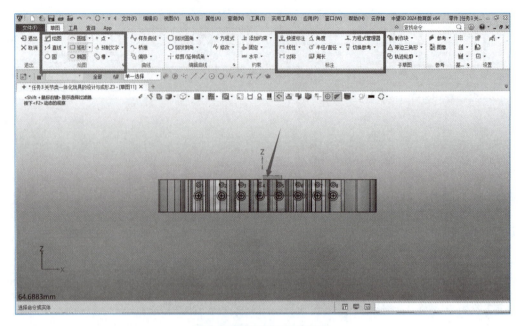

图 2-242　绘制铰链杆轮廓

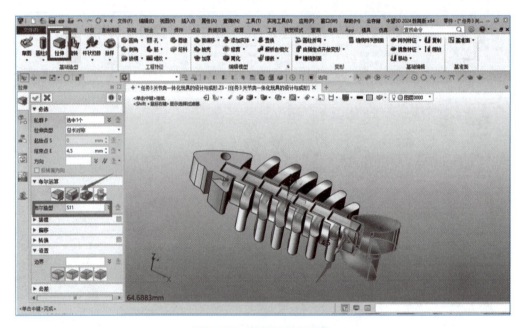

图 2-243　拉伸铰链杆轮廓

12）后处理

　　选择"造型"→"倒圆倒角"命令进行锐边倒钝（见图2-244），使用"造型"→"草图"命令在XZ平面创建草图，使用"草图"环境下的功能及利用尺寸功能完成鱼尾特征轮廓的绘制（见图2-245）。使用"造型"→"拉伸"命令，打开轮廓封闭区域，使用处理后的草图11对每个对象对应的布尔造型进行减运算（见图2-246），最后完成三维建模。

模块二 设计模型与成型 117

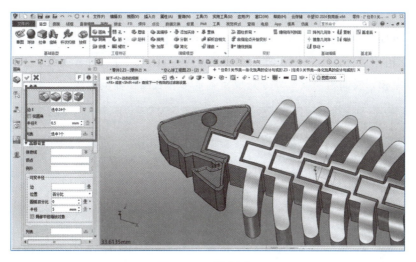

图 2-244 锐边倒钝

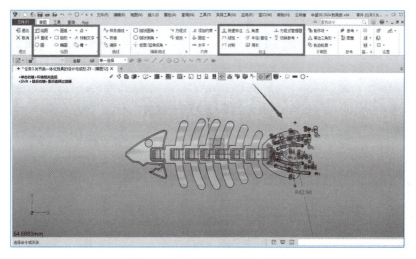

图 2-245 绘制鱼尾特征轮廓

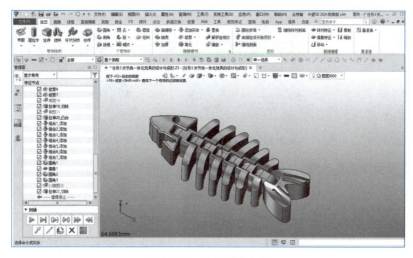

图 2-246 拉伸修剪鱼尾

2. 模型二维工程图基本流程

选择"布局"→"标准"命令，摆放出合理的零件视图（局部视图、剖视图等）（见图2-247），再用"标注"→"尺寸"命令完成工程图的尺寸标注（见图2-248），最后用"文字"命令和"表面粗糙度"命令完成技术要求和表面粗糙度标注。

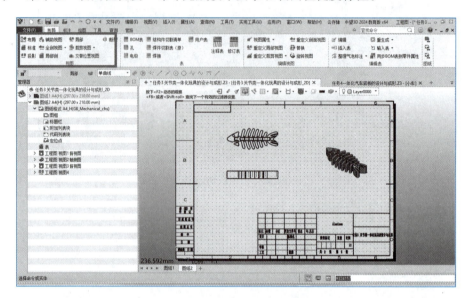

图 2-247　摆放零件视图

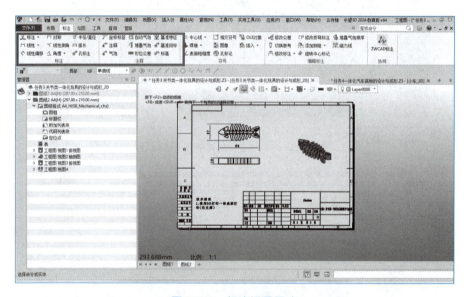

图 2-248　标注视图尺寸

3. 模型渲染图基本流程

可单击材质属性应用至模型，设置视觉样式（见图2-249），然后选择"视觉样式"→"设置属性"命令进行产品渲染（见图2-250），渲染完成后如图2-251所示。

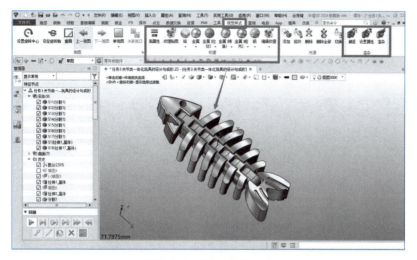

图 2-249　设置视觉样式

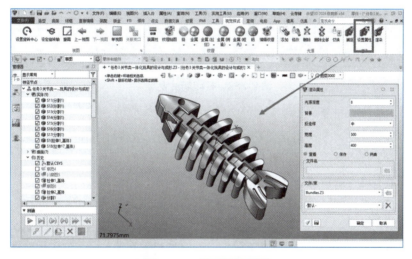

图 2-250　设置渲染属性

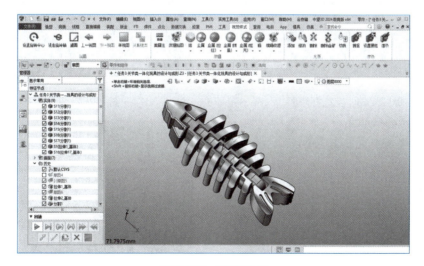

图 2-251　渲染完成

4. 打印前处理——模型切片

打印切片设置：根据材料和3D打印机的特性，设置打印参数，包括层厚、填充密度、打印速度等（见图2-252），发送至打印机打印（打印时间：14 min）。

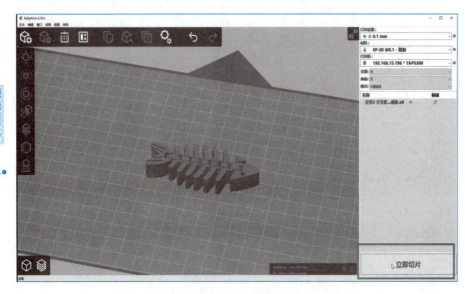

图 2-252　打印切片设置

5. 实施打印与后处理

（1）3D打印机会逐层堆积固化材料，逐渐形成零件实体（见图2-253）。

（2）打印完成后进行取件（见图2-254）。

（3）进行酒精清洗（见图2-255）。

（4）进行紫外线固化（见图2-256）及打磨。

图 2-253　实施打印

图 2-254　取件

图 2-255　酒精清洗

图 2-256　紫外线固化

任务3　一体化汽车底板的设计与成型

任务要求

（1）某型3D打印汽车底盘由轮胎、底板、连接轴组成，结构如图2-257所示。实现汽车底盘的装配需要将零件分离并选择单独或者合并一起切片打印。现需要把汽车底盘改为一体化打印部件，整体作为单个stl文件来实施切片，打印完成后轮胎可以转动，整体外形尺寸和轮胎外形尺寸要求按照图2-257中尺寸进行设计，设计的一体化底盘文件无支撑打印为加分项。预期效果如图2-258所示。

图 2-257　汽车地盘结构图　　　　　图 2-258　预期效果图

（2）提交文件：

① 模型。格式要求为 step，stl；存储命名要求如"zhangsan-stl""张三-step"。

② 工程图。格式要求为pdf；存储命名要求如"zhangsan-pdf"。

③ 渲染图。格式要求为jpeg；分辨率不低于1 280 ppi；存储命名要求如"zhangsan-jpeg"。

（3）考核评价标准：

评 分 项 目		测 量 分	主 观 分	各项得分
3D 建模	1. 模型体积大小	10	—	
	2. 模型工程图规范	5	—	
	3. 模型渲染图规范	5	—	
	4. 命名及存储规范	—	5	
打印切片	1. 正确使用切片软件并完成切片	5	—	
	2. 输出切片文件并格式正确	5	—	
打印及后处理	1. 模型打印完整且质量好	10	—	
	2. 打印后处理规范性	5	—	
总　　分（满分50）				

任务实施

1. 一体化汽车底板的设计与成型模型三维建模基本流程

1）导入stp文件进行参考测量

选择"文件"→"打开"命令,导入stp参考文件(见图2-259),并使用"造型"→"草图"命令创建任意草图(见图2-260),使用"草图"环境下的功能(见图2-261)测量参考文件尺寸。使用"移动"命令将造型移动到正确位置(见图2-262)。

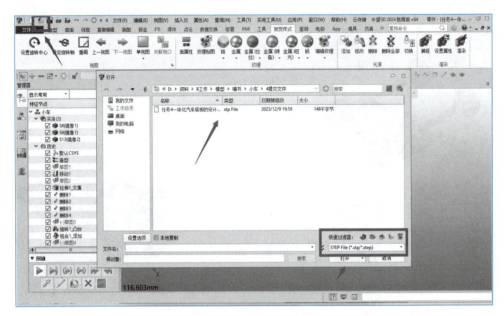

图 2-259　导入 stp 文件

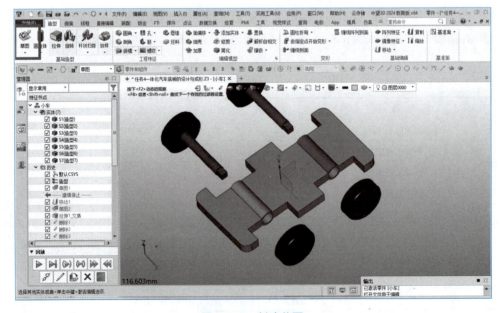

图 2-260　创建草图

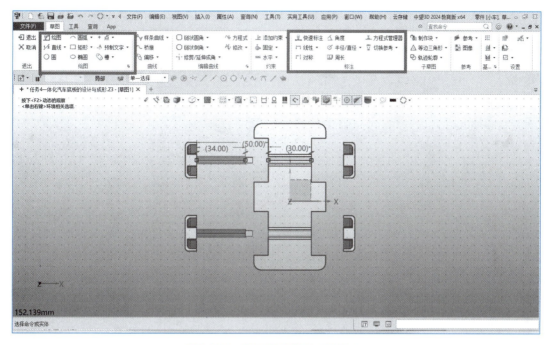

图 2-261 测量目标距离（草图 1）

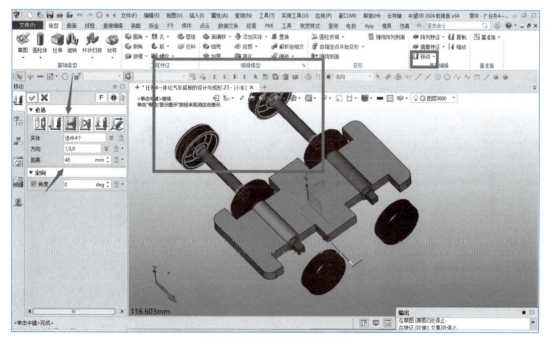

图 2-262 移动车轮及车杆

2）设置设计空间

选择"造型"→"草图"命令创建任意草图，使用"草图"环境下的功能绘制设计空间轮廓（见图 2-263），使用"拉伸"命令相交得到设计空间（见图 2-264）。然后删除多余造型。

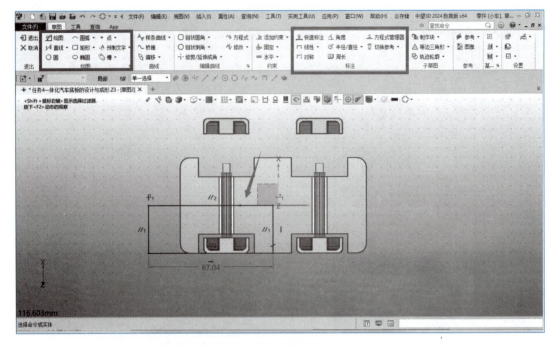

图 2-263　绘制设计空间轮廓（草图 2）

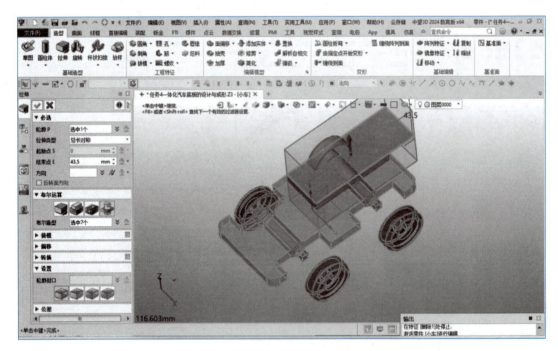

图 2-264　拉伸与小车底板相交（草图 2）

3）设计车轮及连接杆

选择"造型"→"草图"命令创建任意草图，使用"草图"环境下的功能绘制车轮轮廓（见图 2-265），最后使用"旋转"命令生成造型，并与车轮及连接杆合并（见图 2-266）。

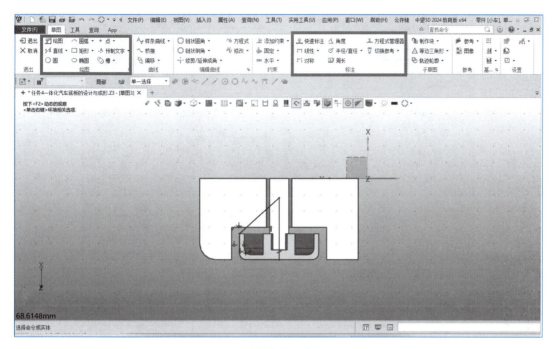

图 2-265　绘制车轮轮廓（草图 3）

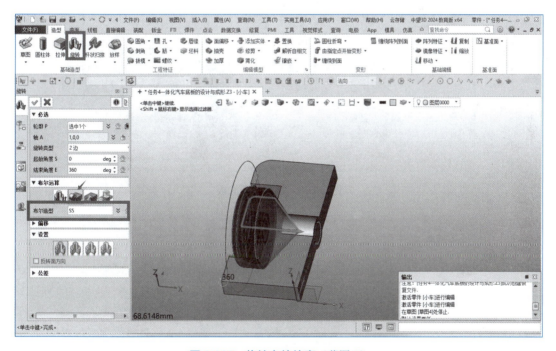

图 2-266　旋转车轮轮廓（草图 3）

4）设计底座

选择"造型"→"草图"命令创建任意草图，使用"草图"环境下的功能绘制底板修剪轮廓（见图2-267），使用"拉伸"命令修剪底板（见图2-268）。最后使用"面偏移"命令将修剪面偏移留出间隙（见图2-269）。

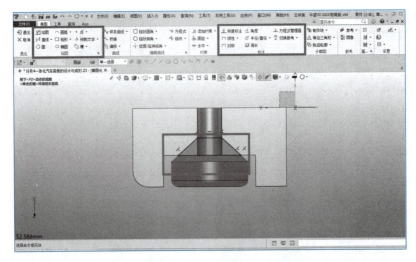

图 2-267　绘制底板修剪轮廓（草图4）

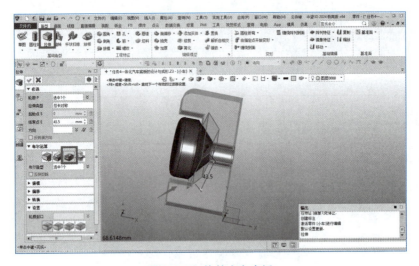

图 2-268　修剪小车底板

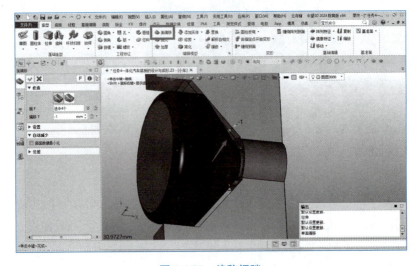

图 2-269　偏移间隙

5）组合整体及个性化设计

选择"造型"→"镜像几何体"命令制作镜像特征组合模型（见图2-270），再使用"添加实体"命令将其合并（见图2-271），使用"造型"→"草图"命令创建任意草图，使用"草图"环境下的功能绘制底板细节轮廓（见图2-272），使用"拉伸"命令修剪底板（见图2-273）。最后进行倒角处理。

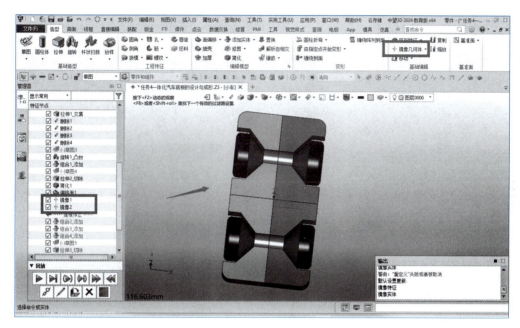

图 2-270　镜像 1/4 小车

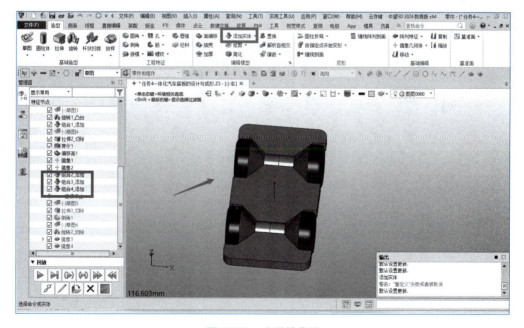

图 2-271　合并镜像体

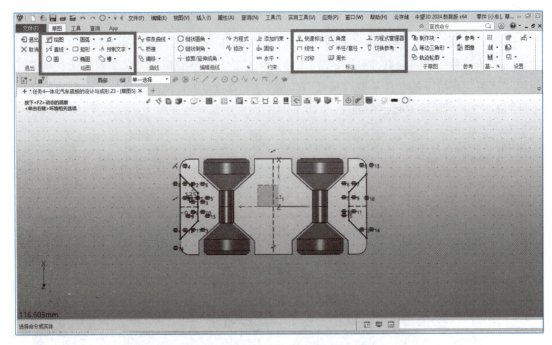

图 2-272 绘制底板细节轮廓（草图 5）

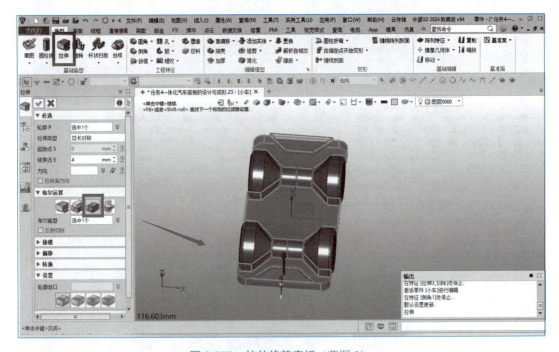

图 2-273 拉伸修剪底板（草图 5）

6）个性化设计

选择"造型"→"草图"命令创建任意草图，使用"草图"环境下的功能绘制车轮修剪轮廓（见图 2-274），使用"旋转"命令生成造型，与车轮及连接杆合并（见图 2-275）。最后使用"镜像特征"命令镜像特征，使四个车轮一致（见图 2-276）。

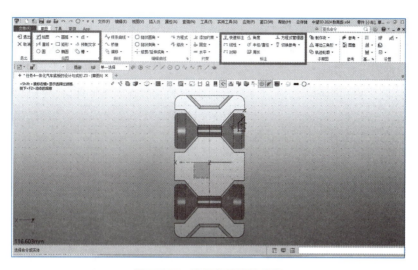

图 2-274　绘制车轮修剪轮廓

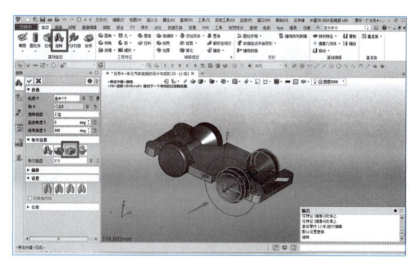

图 2-275　旋转切除车轮特征

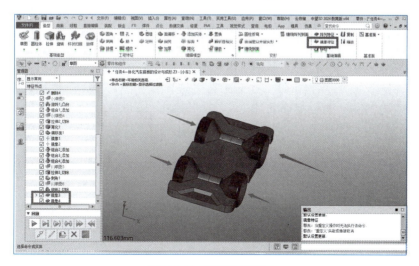

图 2-276　镜像修剪特征

2. 模型二维工程图基本流程

选择"布局"→"标准"命令,摆放出合理的零件视图(局部视图、剖视图等)(见图2-277),再用"标注"→"尺寸"命令完成工程图的尺寸标注(见图2-278),最后用"文字"命令和"表面粗糙度"命令完成技术要求和表面粗糙度标注。

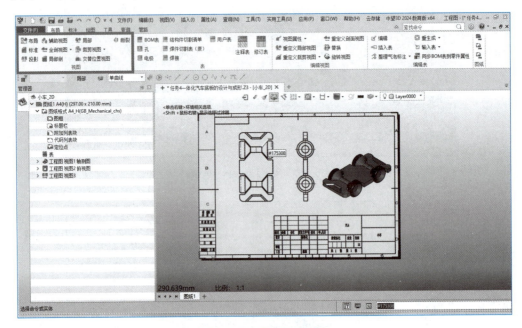

图 2-277　摆放零件视图

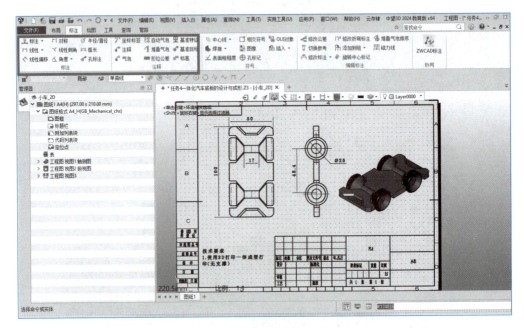

图 2-278　标注视图尺寸

3. 模型渲染图基本流程

可单击材质属性应用至模型设置视觉样式（见图2-279），然后使用"视觉样式"→"设置属性"命令进行产品渲染（见图2-280）。渲染完成后如图2-281所示。

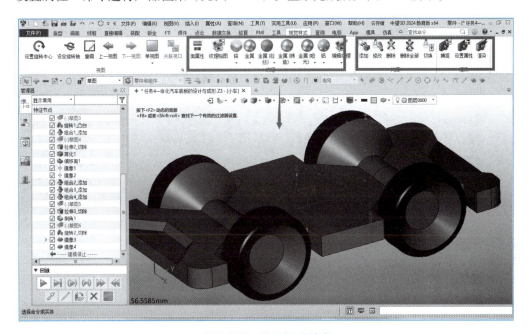

图 2-279　设置视觉样式

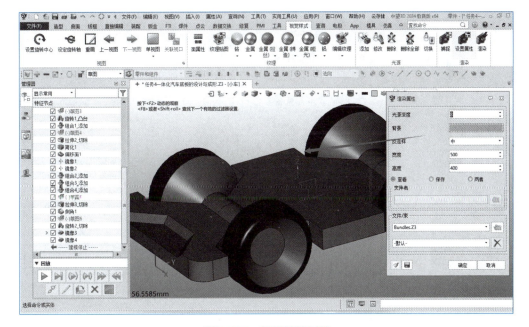

图 2-280　设置渲染属性

图 2-281　渲染完成

4．打印前处理——模型切片

视　频

汽车底盘切片

打印切片设置：根据材料和3D打印机的特性，设置打印参数，包括层厚、填充密度、打印速度等（见图2-282）并发送至打印机打印（打印时间：1 h 43 min）。

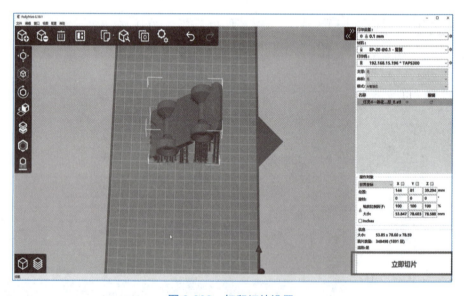

图 2-282　打印切片设置

视　频

汽车底盘打印

5．实施打印与后处理

（1）3D打印机会逐层堆积固化材料，逐渐形成零件实体（见图2-283）。

（2）打印完成后进行去除支撑（见图2-284）。

（3）进行酒精清洗（见图2-285）。

（4）进行紫外线固化（见图2-286）及打磨。

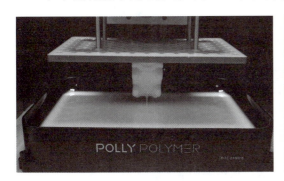

图 2-283　实施打印

图 2-284　去除支撑

图 2-285　酒精清洗

图 2-286　紫外线固化

单元四
镂空模型的绘制与成型

单元目标

1. 具备运用3D建模软件完成不同种类镂空模型的绘制的能力。
2. 具备运用3D建模软件完成零件工程图绘制的能力。
3. 具备运用3D建模软件完成模型渲染的能力。
4. 具备模型切片的能力。
5. 具备运用光固化成型打印机打印的能力。
6. 具备打印零件后处理的能力。

建议学时：6。

知识链接

什么是3D镂空模型？

3D镂空模型是指在三维空间中具有空洞、镂空结构的模型。它可以通过数码设计软件或3D建模软件进行创建和设计，并可以通过3D打印等技术来实现物理制造。这种模型在艺术设计、建筑模型、产品展示等领域中有着广泛的应用，能够呈现出独特的空间感和视觉效果。

3D镂空模型有哪些特点？

3D镂空模型是一种具有空洞部分的三维模型，它具备以下特点：

（1）空间感和立体感：3D镂空模型通过在原始模型中添加空洞或空隙，在视觉上增加了模型的深度和立体感，使其更加逼真、立体而有趣。

（2）显示内部结构：镂空3D模型允许观察者看到模型的内部结构和组成部分，这对于展示产品的特定属性、机制或内部工作原理非常有用。

（3）视觉轻盈感：由于空洞部分的存在，3D镂空模型通常比实心模型更加轻盈，外观更为精巧、别致，具有艺术性和独特感。

（4）多角度观察：观察者可以从不同的角度和视角观察3D镂空模型，这增加了吸引力。

（5）提供局部细节：3D镂空模型可以突出显示模型的特定部分或细节，使观察者更好地了解某些关键元素或功能。

（6）定制和个性化：3D镂空模型可以根据需求进行设计和制作，使其更适应特定的用途、主题或品牌形象。

材料及数据：图纸附件、正向软件（fusion360/中望3D等三维软件不限三维软件）、Autodesk Meshmixer网格处理软件、3D打印切片软件、光固化打印机。

任务1　简单规律孔洞的镂空造型设计与成型

任务要求

（1）如图2-287所示的一个杯垫，杯垫厚度8 mm，目前要改造杯垫透气性，要求把绿色区域改为镂空状。镂空形状为规律圆孔，圆孔直径为8 mm，孔与孔相互间隔位置为12 mm。要求孔位错列排放，均匀布置到蓝色圆柱面。

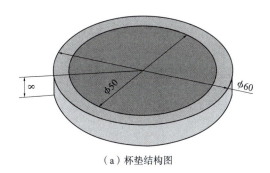

（a）杯垫结构图　　　　　　　　（b）孔位及特征小样

图 2-287　杯垫设计要求（单位：mm）

阅读设计要求，完成"镂空造型的杯垫"的设计。

预期效果如图2-288所示。

（2）提交文件：

全部数据均存放在个人文件夹内（文件夹命名：姓名 - SJ，如"张三 - SJ"）。包括两个子文件夹：

① "数据"文件夹：存放所有的原始数据；

② "提交"文件夹：输出3D打印切片文件、step文件。

图 2-288　预期成果图

（3）考核评价标准：

评分项目		测量分	主观分	各项得分
3D 建模	1. 模型体积大小	10	—	
	2. 模型工程图规范	5	—	
	3. 模型渲染图规范	5	—	
	4. 命名及存储规范	—	5	
打印切片	1. 正确使用切片软件并完成切片	5	—	
	2. 输出切片文件并格式正确	5	—	
打印及后处理	1. 模型打印完整且质量好	10	—	
	2. 打印后处理规范性	5	—	
总　　分（满分50）				

任务实施

1. 模型三维建模基本流程

1)绘制草图

选择"造型"→"草图"命令创建任意草图(见图2-289),使用"草图"环境下的功能完成镂空草图的绘制(见图2-290)。

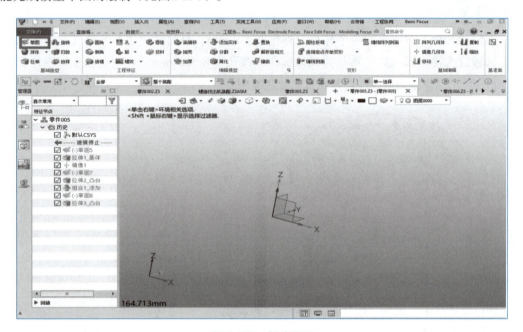

图 2-289 创建草图

图 2-290 绘制镂空草图(草图1)

2）拉伸晶胞草图轮廓

选择"造型"→"拉伸"命令拉伸草图1（图2-291），打开封闭轮廓区域，选择草图1中间白色部分进行拉伸，重复拉伸草图1中的绿色部分（图2-292）完成模型绘制。

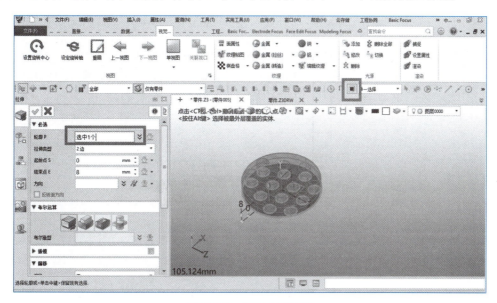

图 2-291　拉伸实体特征

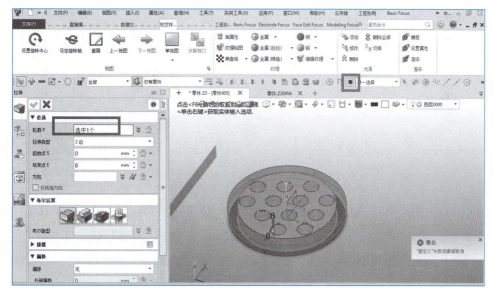

图 2-292　拉伸镂空特征

2. 零件2模型二维工程图基本流程

选择"布局"→"标准"命令摆放出合理的零件视图（局部视图、剖视图等）（见图2-293），再用"标注"→"尺寸"命令完成工程图的尺寸标注（见图2-294），最后用"文字"命令和"表面粗糙度"命令完成技术要求和表面粗糙度标注。

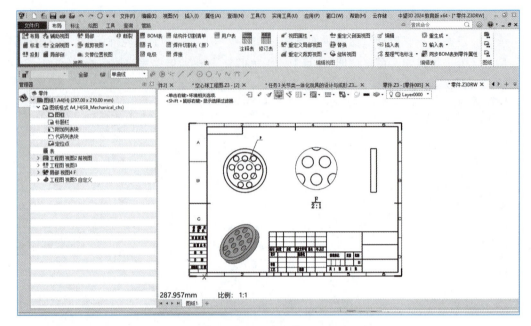

图 2-293　摆放零件视图

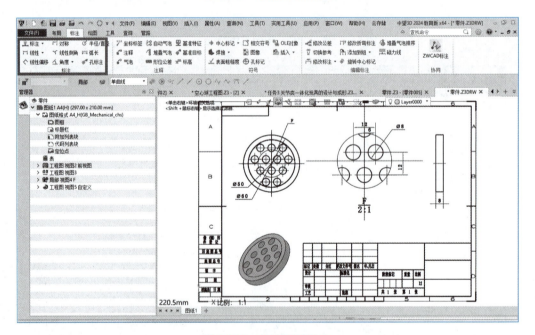

图 2-294　标注视图尺寸

3. 模型渲染图基本流程

使用视觉模块下的"面属性"设置中间镂空模型的颜色（见图2-295），其余部分同理（见图2-296）。

可单击材质属性应用至模型，然后使用"视觉样式"→"光源"→"添加"命令（见图2-297），在"添加窗格"中设置相关参数，进行产品渲染，最后单击"捕捉"按钮输出渲染（见图2-298）。

模块二 设计模型与成型 139

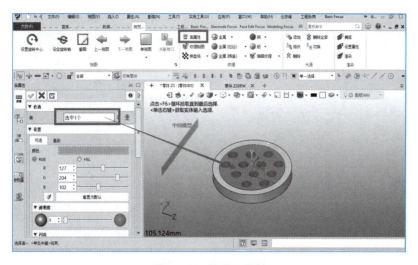

图 2-295 设置面属性

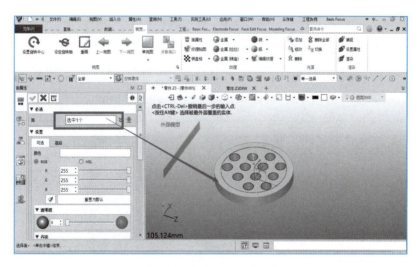

图 2-296 设置面属性 2

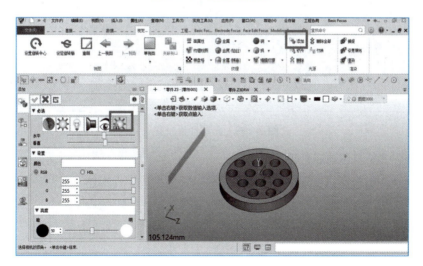

图 2-297 设置光源属性

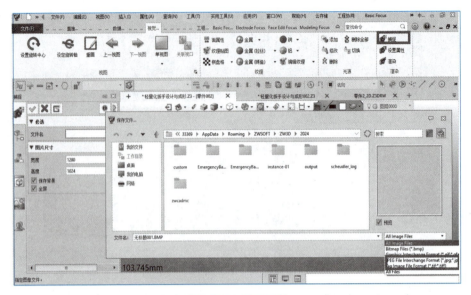

图 2-298　输出渲染

4．打印前处理——模型切片

打印切片设置：根据材料和3D打印机的特性，设置打印参数，包括层厚、填充密度、打印速度等（见图2-299）并发送至打印机打印（打印时间：11 min）。

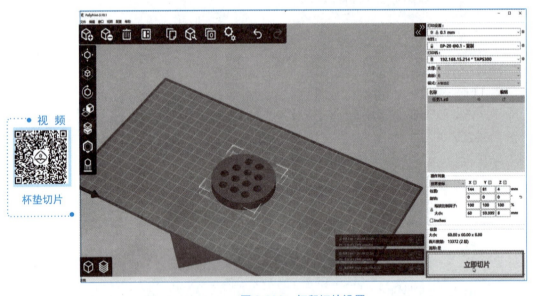

图 2-299　打印切片设置

5．实施打印与后处理

（1）3D打印机会逐层堆积固化材料，逐渐形成零件实体（见图2-300）。

（2）打印完成后进行取件（见图2-301）。

（3）进行酒精清洗（见图2-302）。

（4）进行紫外线固化（见图2-303）及打磨。

图 2-300 实施打印

图 2-301 取件

图 2-302 酒精清洗

图 2-303 紫外线固化

任务 2　蜂窝表面镂空结构设计与成型

任务要求

（1）如图 2-304 所示的一个杯子，杯孔深 38 mm，目前要改造为笔筒，要求把蓝色区域改为镂空状。镂空形状为蜂窝结构，蜂窝为正六边形，外接圆直径 8 mm，孔相对位置如图 2-304（b）所示。要求孔位错列排放，均匀布置到蓝色圆柱面。

阅读设计要求，完成"蜂窝镂空造型的笔筒"的设计。预期效果如图 2-305 所示。

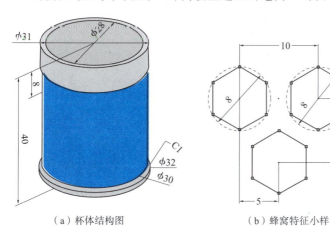

（a）杯体结构图　　　　　　　　　（b）蜂窝特征小样

图 2-304　镂空杯子设计特征（单位：mm）

图 2-305　预期效果图

（2）提交文件：

全部数据均存放在个人文件夹内（文件夹命名：姓名-SJ，如"张三-SJ"）。包括两个子文件夹：

① "数据"文件夹：存放所有的原始数据。

② "提交"文件夹：输出的3D打印切片文件、step文件和pdf文件。

（3）考核评价标准：

评分项目		测量分	主观分	各项得分
3D建模	1. 模型体积大小	10	—	
	2. 模型工程图规范	5	—	
	3. 模型渲染图规范	5	—	
	4. 命名及存储规范	—	5	
打印切片	1. 正确使用切片软件并完成切片	5	—	
	2. 输出切片文件并格式正确	5	—	
打印及后处理	1. 模型打印完整且质量好	10	—	
	2. 打印后处理规范性	5	—	
总　　分（满分50）				

任务实施

1. 模型三维建模基本流程

1）基体建模

选择"造型"→"圆柱体"命令绘制基本造型（见图2-306）。

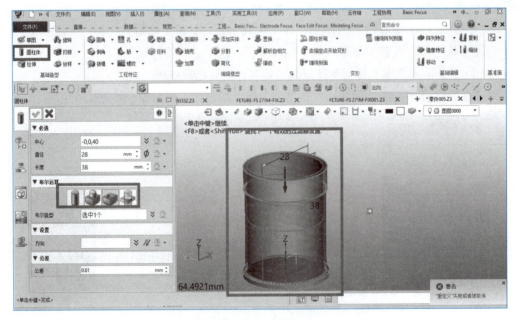

图2-306　创建圆柱体

2)绘制草图

选择"造型"→"草图"命令创建任意草图(见图2-307),使用"草图"环境下的功能(见图2-308)完成镂空草图的绘制。

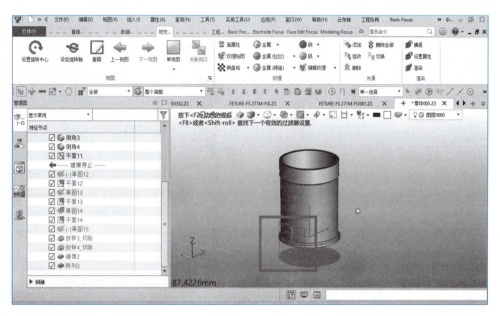

图 2-307　创建草图

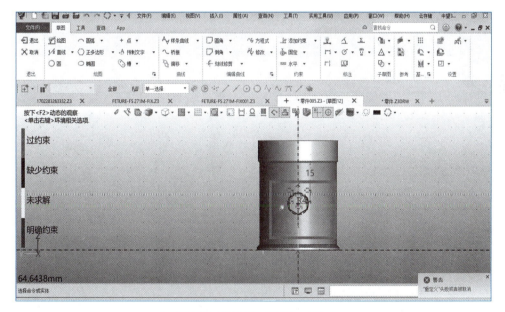

图 2-308　绘制镂空草图(草图1)

3)放样草图轮廓

选择"造型"→"放样"命令放样草图1(见图2-309),轮廓选择草图1,终点选择圆柱中点,按照如上方式绘制3个镂空轮廓,最后使用阵列特征(见图2-310)完成模型绘制。

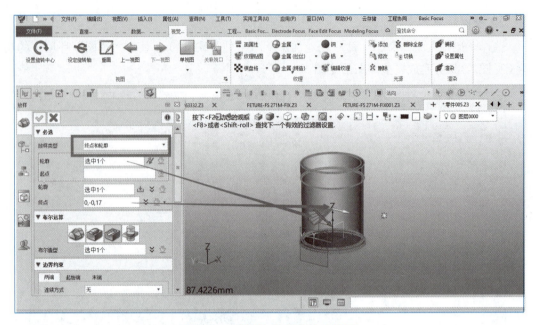

图 2-309　放样切除镂空轮廓草图

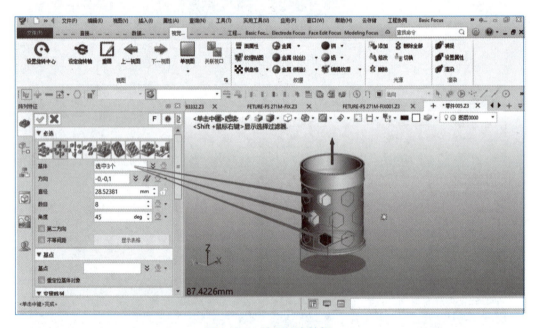

图 2-310　阵列镂空特征

2．模型二维工程图基本流程

选择"布局"→"标准"命令摆放出合理的零件视图（局部视图、剖视图等）（见图 2-311），再用"标注"→"尺寸"命令完成工程图的尺寸标注（见图 2-312），最后用"文字"命令和"表面粗糙度"命令完成技术要求和表面粗糙度标注。

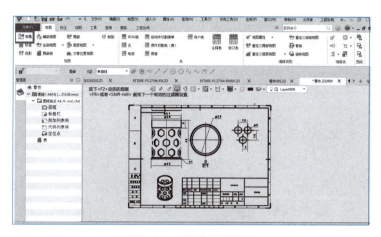

图 2-311　摆放零件视图

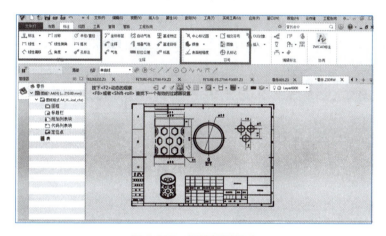

图 2-312　标注视图尺寸

3．模型渲染图基本流程

使用视觉模块下的"面属性"设置中间镂空模型的颜色（见图2-313），其余部分同理（见图2-314）。

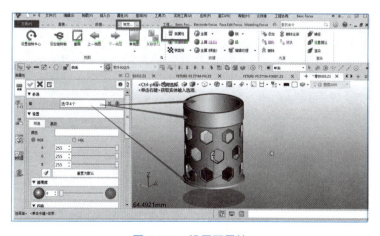

图 2-313　设置面属性

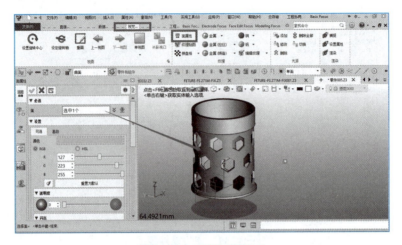

图 2-314　设置面属性 2

可单击材质属性应用至模型，然后使用"视觉样式"→"光源"中的命令（见图2-315）进行产品渲染。最后单击"捕捉"按钮输出渲染图（见图2-316）。

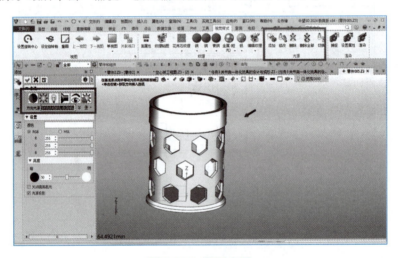

图 2-315　设置光源

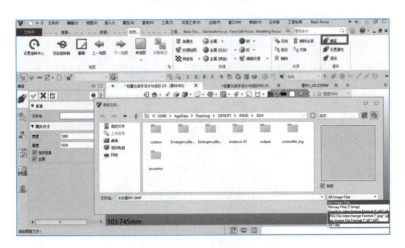

图 2-316　输出渲染图

4. 打印前处理——模型切片

打印切片设置：根据材料和3D打印机的特性，设置打印参数，包括层厚、填充密度、打印速度等（见图2-317），发送至打印机打印（打印时间：53 min）。

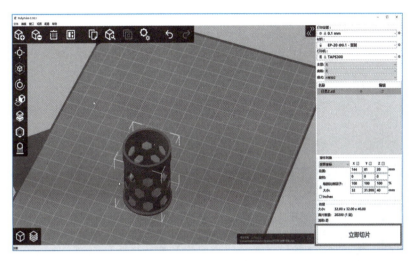

视频
镂空杯子切片

图 2-317　打印切片设置

5. 实施打印与后处理

（1）3D打印机会逐层堆积固化材料，逐渐形成零件实体（见图2-318）。

（2）打印完成后进行取件（见图2-319）。

（3）进行酒精清洗（见图2-320）。

（4）进行紫外线固化（见图2-321）及打磨。

视频
镂空杯子打印

图 2-318　实施打印

图 2-319　取件

图 2-320　酒精清洗

图 2-321　紫外线固化

任务3　复杂镂空结构设计与成型

> 任务要求

（1）如图2-322所示的一个杯子，杯孔深38 mm，目前要改造为笔筒，要求把蓝色区域改为镂空状。镂空形状为Delaunay三角网格。要求三角网格边直径为1.8 mm，其余孔大小适合即可。

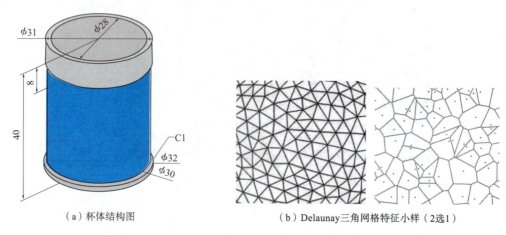

（a）杯体结构图　　　　　　（b）Delaunay三角网格特征小样（2选1）

图 2-322　杯子设计要求（单位：mm）

阅读设计要求，完成"蜂窝镂空造型的笔筒"的设计。预期效果如图2-323所示。

图 2-323　预期效果图

> 知识链接

Delaunay三角网格特征是苏联数学家 Delaunay 于1934年提出的。对于任意给定的平面点集，该方法遵循"最小角最大"和"空外接圆"准则进行剖分。Delaunay 三角网是Voronoi图的伴生图形，通过连接具有公共顶点的三个n边形的生长中心而生成的，这个公共顶点就是形成的Delaunay三角形外接圆的圆心。

（2）提交文件：

全部数据均存放在个人文件夹内（文件夹命名：姓名 - SJ，如"张三 - SJ"），包括2

个子文件夹：

① "数据"文件夹：存放所有的原始数据。

② "提交"文件夹：输出的3D打印切片文件、step文件和pdf文件。

（3）考核评价标准：

评分项目		测 量 分	主 观 分	各 项 得 分
3D 建模	1. 模型体积大小	10	—	
	2. 模型工程图规范	5	—	
	3. 模型渲染图规范	5	—	
	4. 命名及存储规范	—	5	
打印切片	1. 正确使用切片软件并完成切片	5	—	
	2. 输出切片文件并格式正确	5	—	
打印及后处理	1. 模型打印完整且质量好	10	—	
	2. 打印后处理规范性	5	—	
总　　分（满分50）				

任务实施

1. 模型三维建模基本流程

1）基体绘制

选择"造型"→"草图"命令创建任意草图（见图2-324），使用"草图"环境下的功能（见图2-325）完成夹子毛胚草图的绘制，然后退出草图使用"旋转"命令生成实体，如图2-326所示。

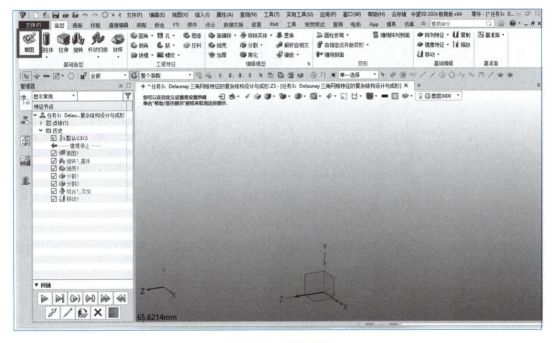

图 2-324　创建草图

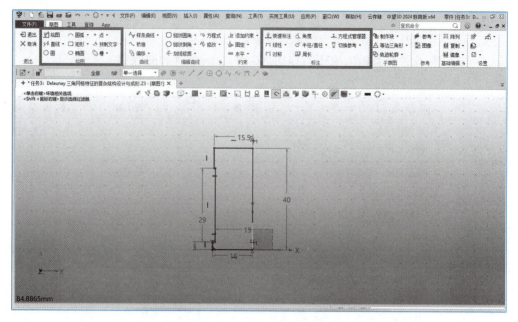

图 2-325　绘制杯子草图轮廓

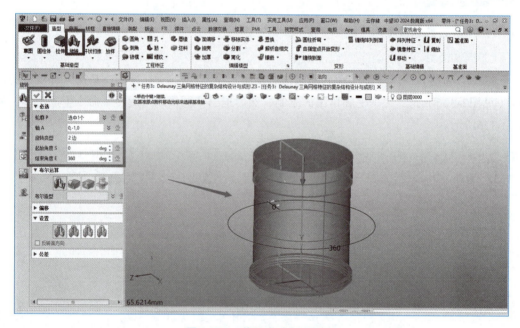

图 2-326　旋转生成杯子轮廓

2）切割镂空区域

选择"造型"→"抽壳"命令，得到杯体壁厚（见图2-327），使用分割命令设计出镂空区域，如图2-328所示。

3）导出与导入

选择"输出"命令将实体导出stp（见图2-329），再使用"打开"命令导入nx2007，如图2-330所示。

模块二 设计模型与成型 151

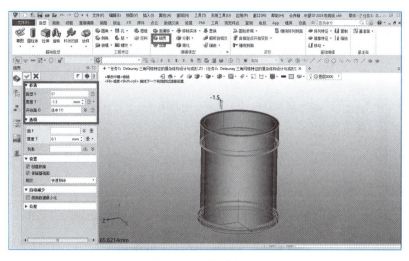

图 2-327 抽壳杯子

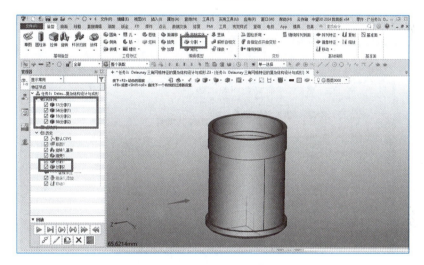

图 2-328 分割镂空区域

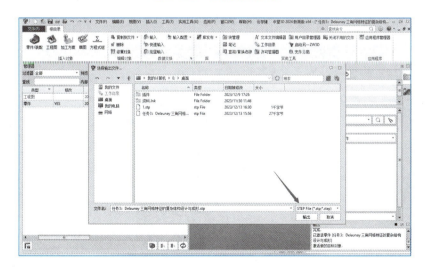

图 2-329 导出 stp 文件

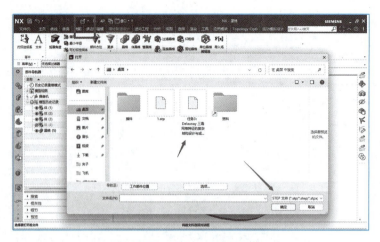

图 2-330　导入 nx 2007 软件

4) 添加晶格并导出

选择"增材制造设计"→"晶格"命令对实体添加晶格(见图2-331),之后隐藏不需要的实体(见图2-332),再利用"导出"命令输出stl模型(见图2-333)。

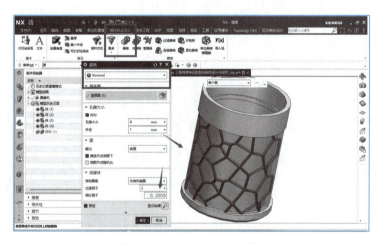

图 2-331　镂空区域添加晶格

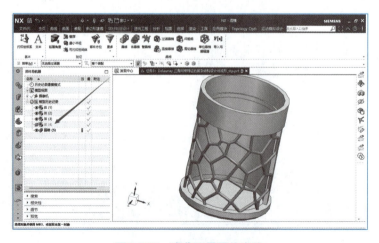

图 2-332　隐藏不需要的实体

模块二 设计模型与成型　153

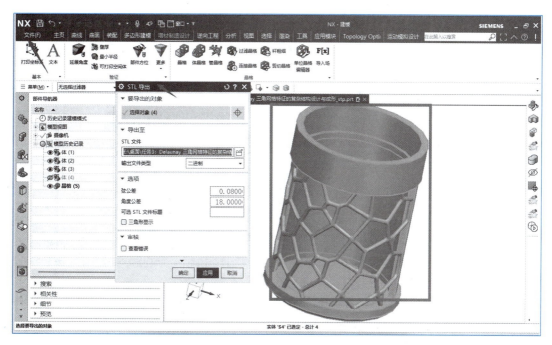

图 2-333　导出 stl 文件

2. 模型二维工程图基本流程

选择"布局"→"标准"命令,摆放出合理的零件视图(局部视图、剖视图等)(见图2-334),再用"标注"→"尺寸"命令完成工程图的尺寸标注(见图2-335),最后用"文字"命令和"表面粗糙度"命令完成技术要求和表面粗糙度标注。

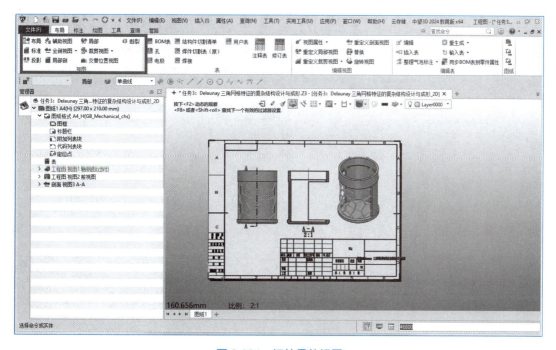

图 2-334　摆放零件视图

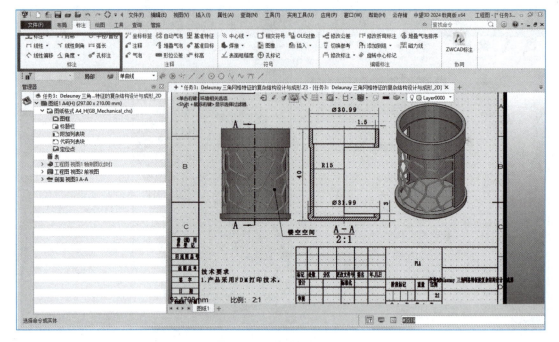

图 2-335　标注视图尺寸

3. 模型渲染图基本流程

可单击材质属性应用至模型，设置视觉样式（见图2-336），然后使用"视觉样式"→"设置属性"命令进行产品渲染（见图2-337）。完成渲染后如图2-338所示。

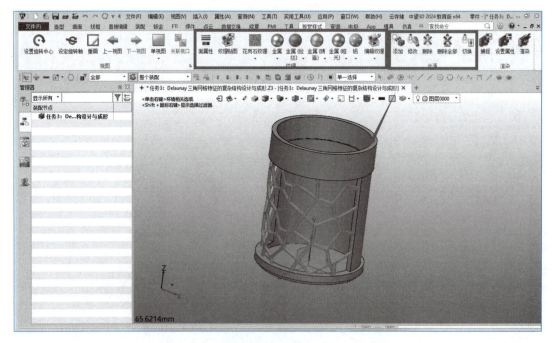

图 2-336　设置视觉样式

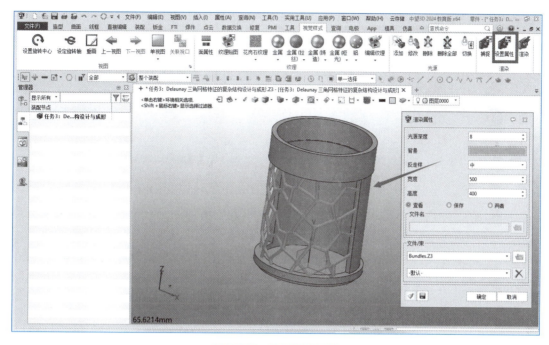

图 2-337　设置渲染属性

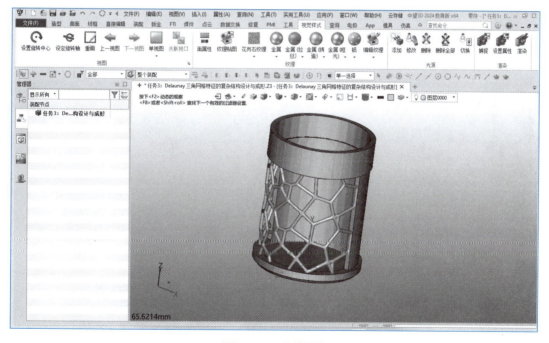

图 2-338　完成渲染

4．打印前处理——模型切片

打印切片设置：根据材料和3D打印机的特性，设置打印参数，包括层厚、填充密度、打印速度等（见图2-339），发送至打印机打印（打印时间：53 min）。

视频

笔筒切片

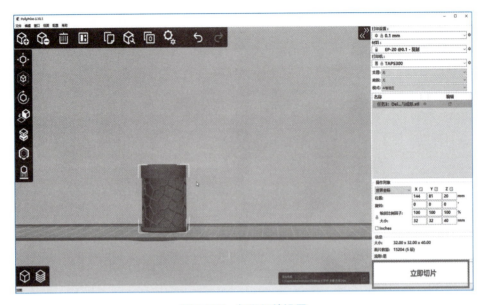

图 2-339　打印切片设置

视 频

笔筒打印

5. 实施打印与后处理

（1）3D打印机会逐层堆积固化材料，逐渐形成零件实体（见图2-340）。

（2）打印完成后进行取件（见图2-341）。

（3）进行酒精清洗（见图2-342）。

（4）进行紫外线固化（见图2-343）及打磨。

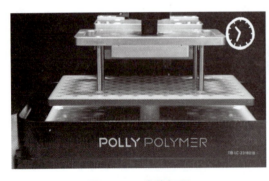

图 2-340　实施打印

图 2-341　取件

图 2-342　酒精清洗

图 2-343　紫外线固化

单元五
晶格模型的绘制与成型

单元目标

1. 具备运用3D建模软件完成不同种类晶格模型的绘制的能力。
2. 具备运用3D建模软件完成零件工程图绘制的能力。
3. 具备运用3D建模软件完成模型渲染的能力。
4. 具备模型切片的能力。
5. 具备运用光固化成型打印机打印的能力。
6. 具备打印零件后处理的能力。

建议学时：4。

知识链接

什么是晶格模型？常见分类有哪些？

晶格模型是用来表示和描述晶体的结构的模型。晶体由原子、离子或分子等基本单元组成，这些基本单元按照一定的规律排列形成晶体的结构。晶格模型通过图形、符号或其他方式来表示这种排列规律。

常见的晶格模型包括：

（1）空间填充模型：这是最基本的晶格模型，通过球体或立方体等图形表示原子、离子或分子，在空间中排列形成晶体的结构。常见的有简单立方格子、面心立方格子、体心立方格子等。

（2）结构图模型：这种模型通过图形或符号，以简化的方式表示晶体结构的重复单元。常见的有点阵图、晶胞图等。

（3）球棍模型：这种模型使用不同长度和颜色的棍子来表示不同的原子或离子，并通过连接来表示原子之间的化学键。常见的有空间填充球棍模型和简化球棍模型。

（4）细胞模型：细胞模型是一种将晶体结构分解成一个个晶胞（基本单元）的模型，每个晶胞都具有特定的几何形状和原子排列方式。

提供材料及数据：图纸附件、正向软件（fusion360/中望3D等三维软件不限）、3D打印切片软件、光固化打印机。

任务 1　轻量化扳手设计与成型

> 任务要求

（1）如图2-344所示为开口20 mm的开口扳手，现需要根据图纸要求完成该开口扳手的模型绘制。根据扳手使用工况，现可以在洋红色部位进行减重处理，重量可减重10%，要求采用晶胞来设置，晶胞单元形状如图2-344所示，晶胞实体截面直径不小于2 mm。

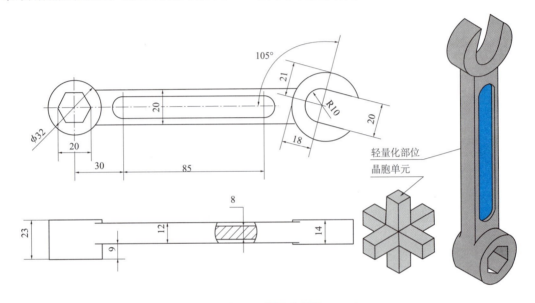

图 2-344　扳手工程图（单位：mm）

阅读设计要求，完成"蜂窝镂空造型的笔筒"的设计。预期效果如图2-345所示。

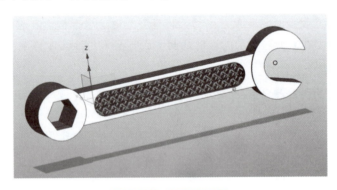

图 2-345　预期效果图

（2）提交文件：

全部数据均存放在个人文件夹内（文件夹命名：姓名 - SJ，如"张三 - SJ"），包括两个子文件夹：

① "数据"文件夹：存放所有的原始数据。

② "提交"文件夹：输出的3D打印切片文件、step文件和pdf文件。

（3）考核评价标准：

	评分项目	测量分	主观分	各项得分
3D建模	1. 模型体积大小	10	—	
	2. 模型工程图规范	5	—	
	3. 模型渲染图规范	5	—	
	4. 命名及存储规范	—	5	
打印切片	1. 正确使用切片软件并完成切片	5		
	2. 输出切片文件并格式正确	5		
打印及后处理	1. 模型打印完整且质量好	10		
	2. 打印后处理规范性	5		
总 分（满分50）				

任务实施

1. 三维建模基本流程

1）绘制草图

选择"造型"→"草图"命令创建任意草图（见图2-346），使用"草图"环境下的功能（见图2-347）完成晶胞草图的绘制，然后重复绘制晶胞的区域轮廓草图（如图2-348），最后绘制模型的封闭轮廓草图（见图2-349）。

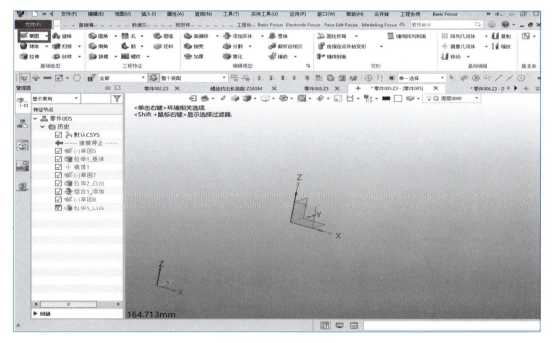

图 2-346　创建草图

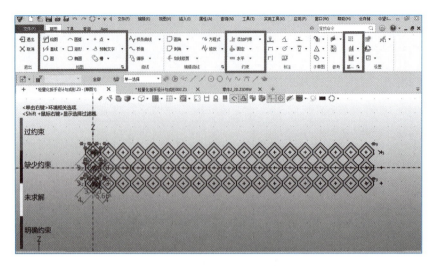

图 2-347 绘制晶格轮廓

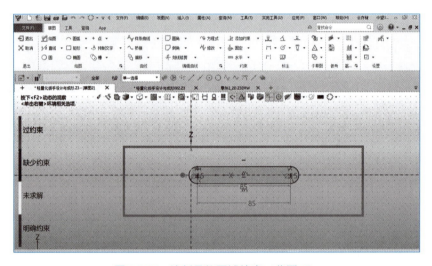

图 2-348 绘制晶格区域轮廓(草图 2)

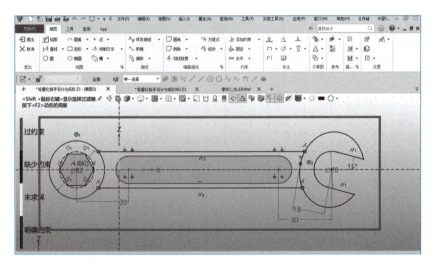

图 2-349 绘制扳手轮廓

2）拉伸晶胞草图轮廓

选择"造型"→"拉伸"命令拉伸草图2（见图2-350），选择草图1进行拉伸，选择"布尔运算"中的"交集运算"（见图2-351）命令。然后新建草图4，绘制晶胞侧面轮廓（见图2-352）。最后使用拉伸布尔交运算命令（见图2-353）完成晶胞的绘制。

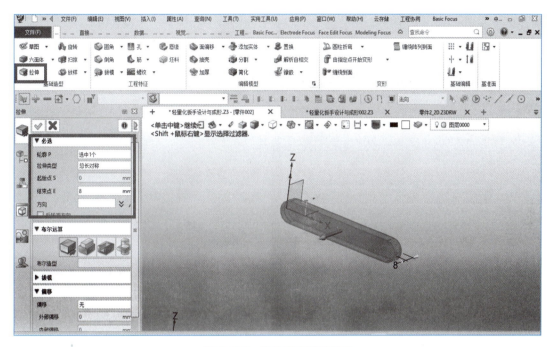

图2-350 拉伸晶格区域轮廓

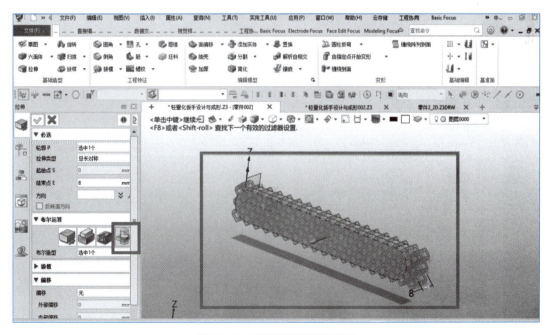

图2-351 拉伸交运算晶格轮廓

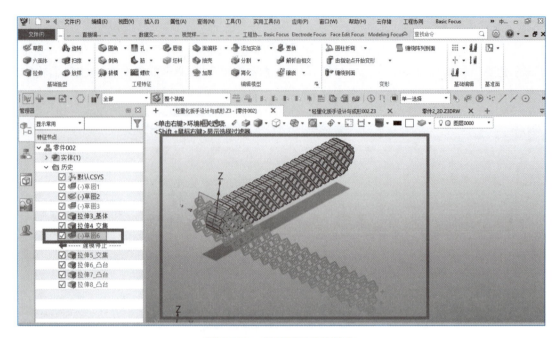

图 2-352 创建侧面晶格轮廓

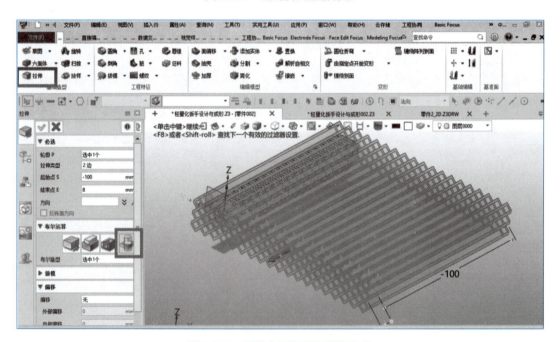

图 2-353 拉伸交运算侧面晶格轮廓

3）拉伸模型轮廓

选择"造型"→"拉伸"命令拉伸草图3（见图2-354），打开封闭轮廓区域，依次选择草图轮廓进行拉伸，完成效果如图2-355所示。

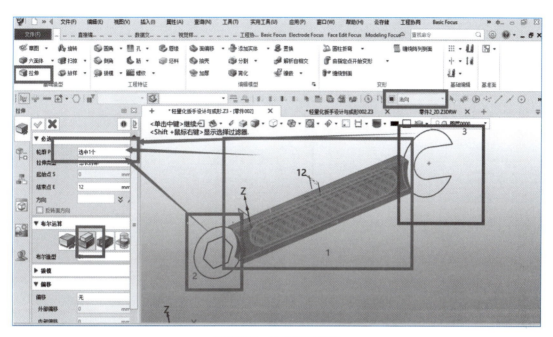

图 2-354　拉伸扳手轮廓

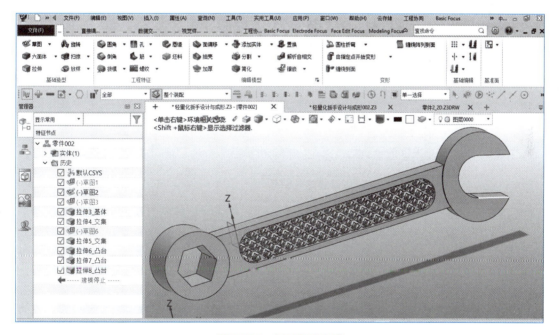

图 2-355　扳手设计完成

2. 模型二维工程图基本流程

选择"布局"→"标准"命令摆放出合理的零件视图（局部视图、剖视图等）（见图2-356），再用"标注"→"尺寸"命令完成工程图的尺寸标注（见图2-357），最后用"文字"命令和"表面粗糙度"命令完成技术要求和表面粗糙度标注。

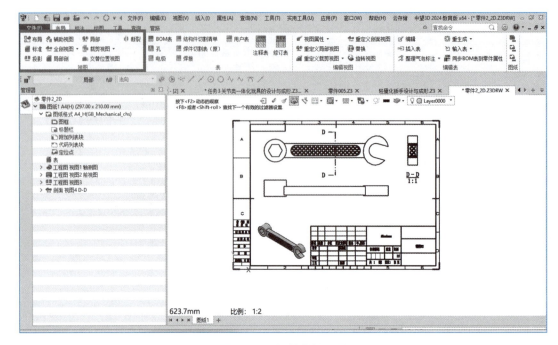

图 2-356 摆放零件视图

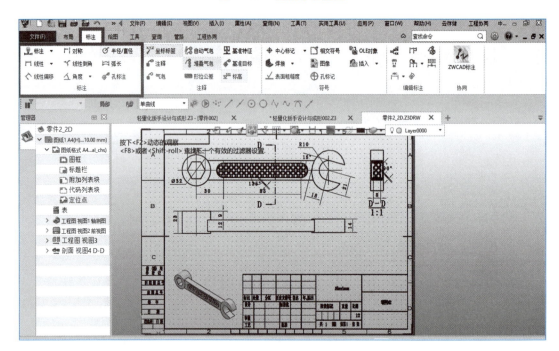

图 2-357 标记视图尺寸

3. 模型渲染图基本流程

设置面属性。使用"视觉"模块下的"金属"设置晶胞的颜色（见图2-358），其余部分使用"金属（拉丝）"进行设置。

可单击材质属性应用至模型，然后利用"视觉样式"→"光源"中的命令（见图2-359）进行产品渲染。最后单击"捕捉"按钮输出渲染图（见图2-360）。

模块二 设计模型与成型 165

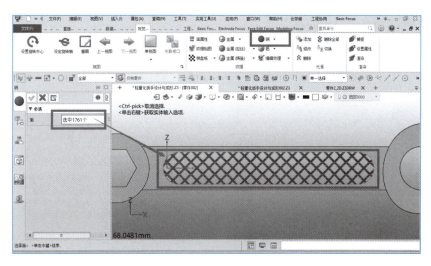

图 2-358 设置面属性

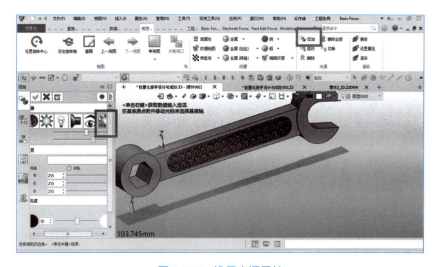

图 2-359 设置光源属性

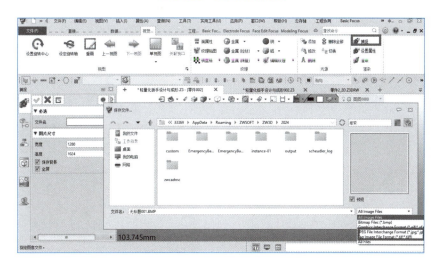

图 2-360 输出渲染图

4. 打印前处理——模型切片

打印切片设置：根据材料和3D打印机的特性，设置打印参数，包括层厚、填充密度、打印速度等（见图2-361），并发送至打印机打印（打印时间：2 h 33 min）。

·视 频·
扳手切片

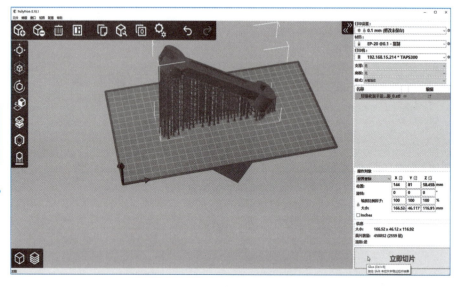

图 2-361 打印切片设置

5. 实施打印与后处理

（1）3D打印机会逐层堆积固化材料，逐渐形成零件实体（见图2-362）。
（2）打印完成后拆除支撑（见图2-363）。
（3）进行酒精清洗（见图2-364）。
（4）进行紫外线固化（见图2-365）及打磨。

·视 频·
扳手打印

图 2-362 实施打印

图 2-363 拆除支撑

图 2-364 酒精清洗

图 2-365 紫外线固化

任务2　柔性晶格篮球的设计与成型

任务要求

（1）在3D打印快速发展的大背景下，采用3D打印的方式来制作一款篮球已经变成了可能，现要求采用3D打印技术制作一款篮球，外形尺寸参考真实篮球要求，示意图如图2-366所示。要求黄色区域为镂空部分，黑色区域为实体部分，内部填充采用晶格填充，晶格参数自定，要求重量参考真实篮球的重量来设计。

根据设计的篮球模型采用高柔性树脂材料进行打印，要求打印完成后其回弹效果能与真实篮球媲美。

预期效果如图2-367所示。

图 2-366　篮球设计示意图　　　　　　　图 2-367　预期效果图

（2）提交文件：

① 阅读设计要求，完成"柔性晶格篮球的设计与成型"的设计。
- 设计文件保存为step格式。
- 将设计的零件使用3D打印机配套的软件生成打印文件。
- 以"工位号-3D"的命名方式分别保存打印文件，如"05-3D"。

② 全部数据均存放在个人文件夹内（文件夹命名：姓名 - SJ，如"张三 - SJ"）。包括两个子文件夹：
- "数据"文件夹：存放所有的原始数据。
- "提交"文件夹：输出的3D打印切片文件、step文件和pdf文件。

（3）考核评价标准：

评分项目		测量分	主观分	各项得分
3D建模	1. 模型体积大小	10	—	
	2. 模型工程图规范	5	—	
	3. 模型渲染图规范	5	—	
	4. 命名及存储规范	—	5	
打印切片	1. 正确使用切片软件并完成切片	5	—	
	2. 输出切片文件并格式正确	5	—	
打印及后处理	1. 模型打印完整且质量好	10	—	
	2. 打印后处理规范性	5	—	
总　　分（满分50）				

任务实施

1. 三维建模基本流程

1) 基体绘制

选择"造型"→"球体"命令创建基体（见图2-368），然后利用"造型"→"草图"命令创建草图，使用"草图"环境下的功能完成夹子毛胚草图的绘制，然后退出草图，使用"投影到面"命令生成实体（曲线），另外还需要在ZY和XY平面上绘制最大轮廓草图。结束后有三个草图（见图2-369），再在XZ平面创建草图绘制扫掠轮廓，厚度为3 mm（见图2-370）。

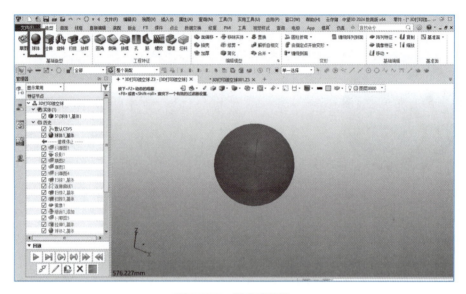

图 2-368　创建球基体

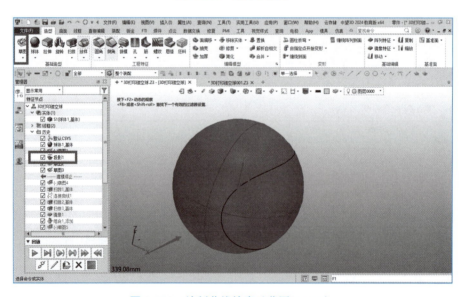

图 2-369　绘制曲线轮廓（草图1～3）

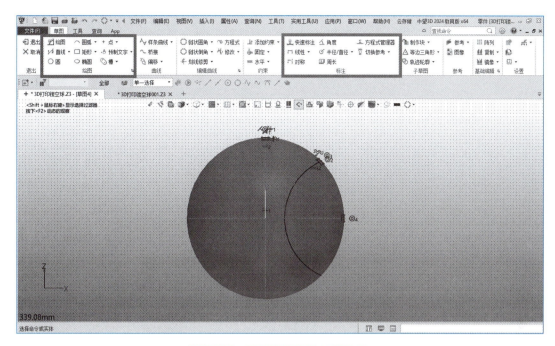

图 2-370　绘制扫掠轮廓（草图 4）

2）绘制曲线实体

选择"造型"→"扫掠"命令扫掠草图1～3（见图2-371），再使用"镜像"命令镜像扫掠特征（见图2-372），并将他们组合在一起。

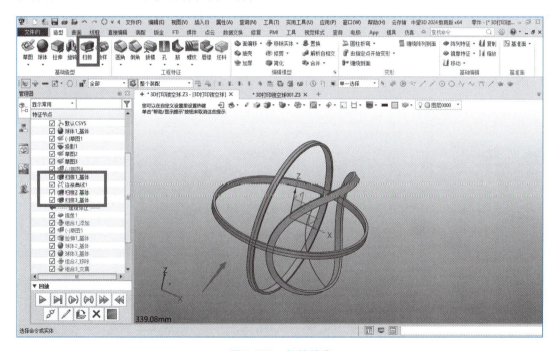

图 2-371　扫掠轮廓

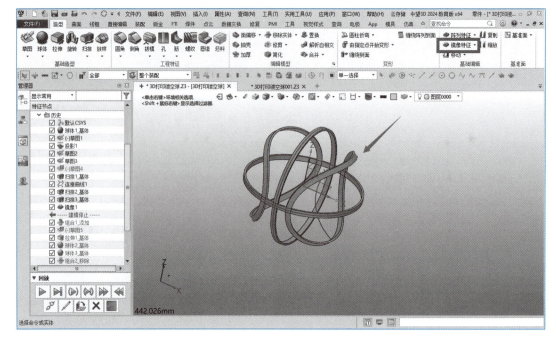

图 2-372　镜像扫掠特征

3）绘制曲线铭牌

在 YX 平面上创建草图，绘制草图轮廓，然后拉伸出基体（见图 2-373），再绘制两个球（基体）将他们对实体进行布尔运算得出造型，最后将其与曲线造型进行合并（见图 2-374）。

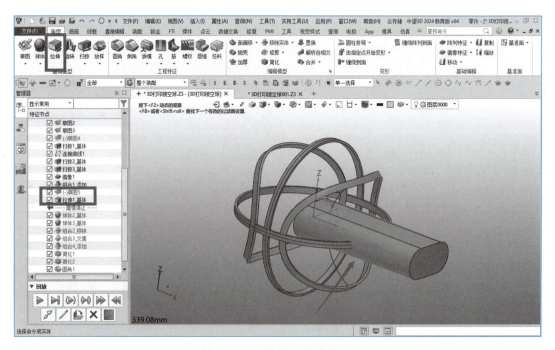

图 2-373　绘制铭牌轮廓拉伸

模块二 设计模型与成型　171

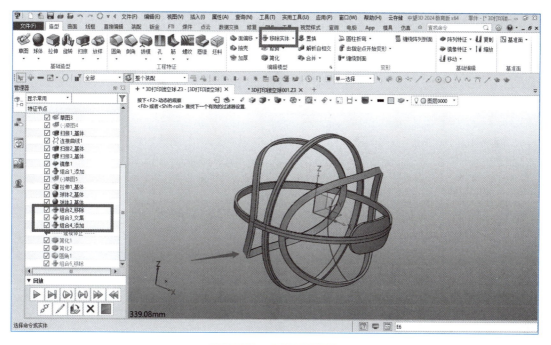

图 2-374　分割铭牌实体

4）导出与导入

使用"输出"命令将实体导出 stp（见图 2-375），再使用"打开"命令导入至 nx2007 软件（见图 2-376）。

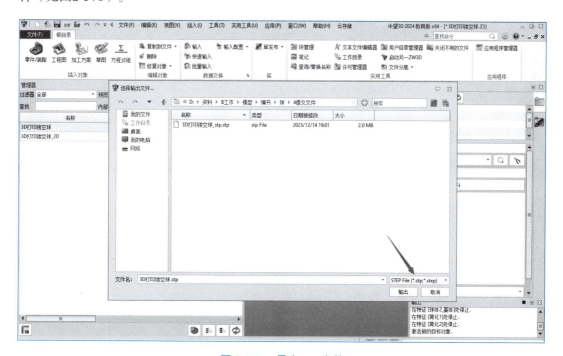

图 2-375　导出 stp 文件

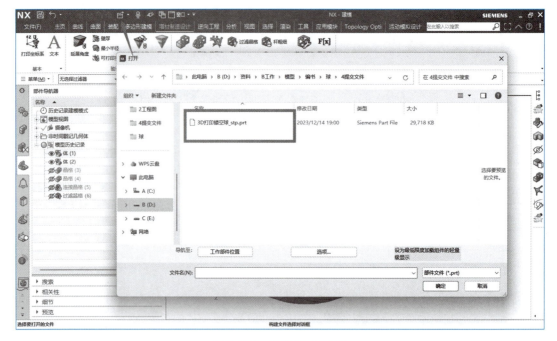

图 2-376　导入至 nx2007

5）添加晶格

选择"增材制造设计"→"晶格"命令对实体添加晶格，在Voronoi模块下选择"曲面晶格"（见图2-377），然后继续在Voronoi模块下选择空间体晶格（见图2-378），之后隐藏不需要的实体（见图2-379）。

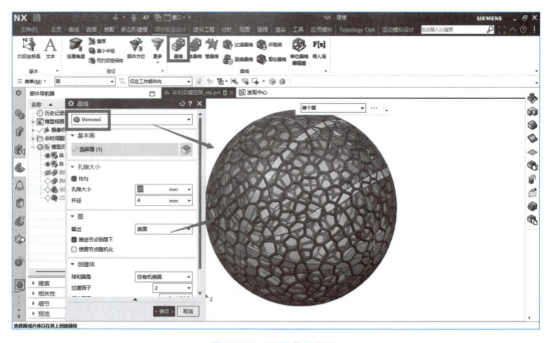

图 2-377　设置曲面晶格

模块二 设计模型与成型　173

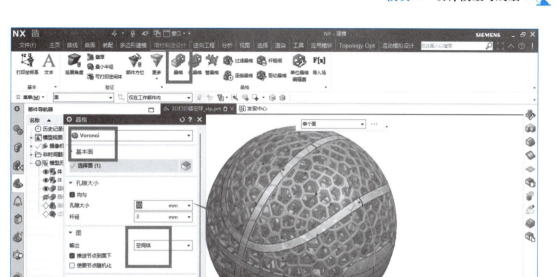

图 2-378　设置实体晶格

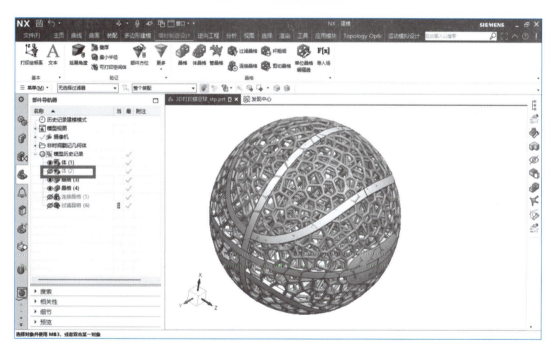

图 2-379　隐藏显示实体

6）连接晶格及过滤

选择"增材制造设计"→"连接晶格"命令,将曲面晶格及空间晶格连接（见图2-380）。

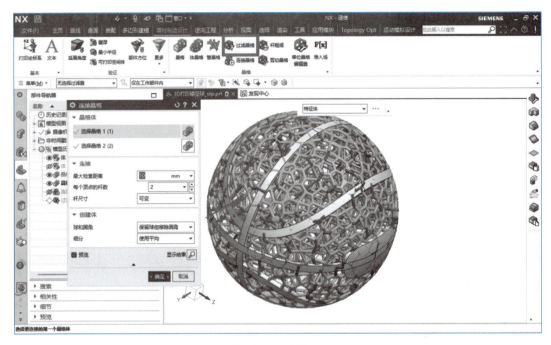

图 2-380　连接晶格

选择"过滤晶格"命令将悬杆晶格进行删除（见图2-381）。

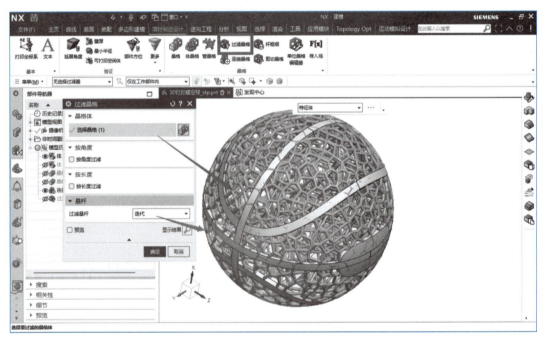

图 2-381　过滤晶格

7）导出STL模型

在文件中选择"导出"命令，选择stl格式进行导出，然后选择"过滤晶格"后的实体和曲线实体造型进行导出（见图2-382）。

模块二 设计模型与成型 175

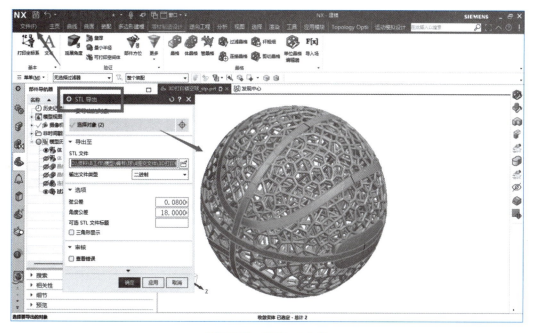

图 2-382 输出 stl 文件

2．模型二维工程图基本流程

选择"布局"→"标准"命令，摆放出合理的零件视图（局部视图、剖视图等）（见图2-383），再用"标注"→"尺寸"命令完成工程图的尺寸标注（见图2-384），最后用"文字"命令和"表面粗糙度"命令完成技术要求和表面粗糙度标注。

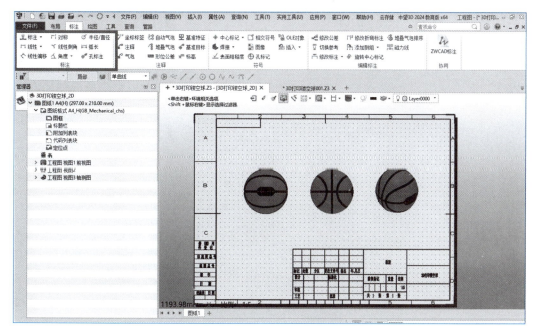

图 2-383 摆放零件视图

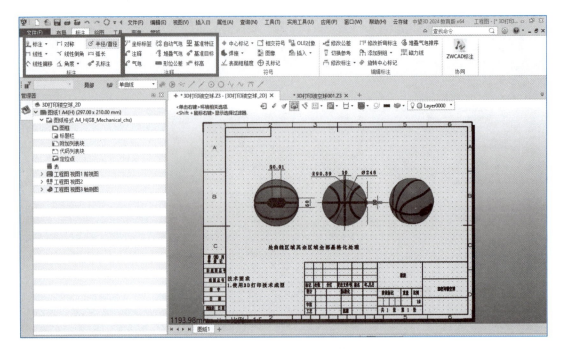

图 2-384 标记视图尺寸

3. 模型渲染图基本流程

可单击材质属性应用至模型，设置视觉样式（见图2-385），然后使用"视觉样式"→"设置属性"命令进行产品渲染（见图2-386）。完成渲染后如图2-387所示。

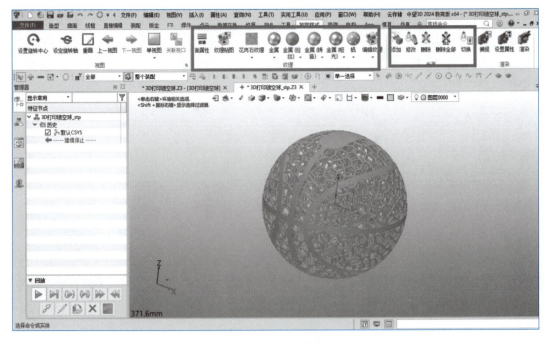

图 2-385 设置视觉样式

模块二 设计模型与成型 177

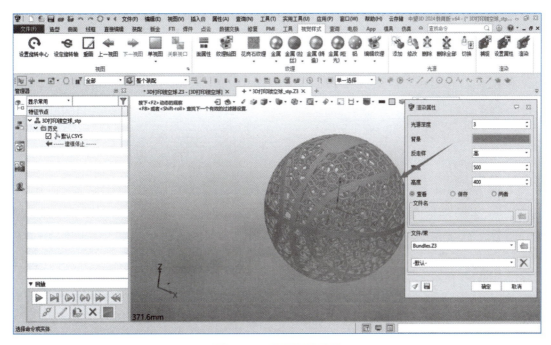

图 2-386　设置渲染属性

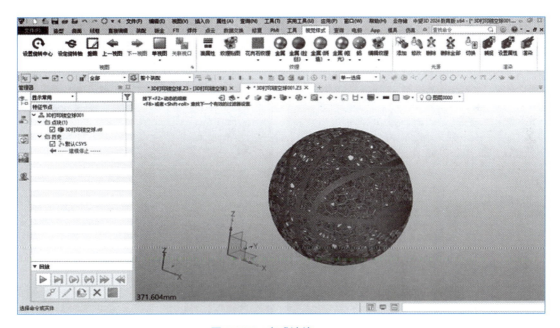

图 2-387　完成渲染

4．打印前处理——模型切片

打印切片设置：根据材料和3D打印机的特性，设置打印参数，包括层厚、填充密度、打印速度等（见图2-388）并发送至打印机打印（打印时间：2 h 35 min）。

篮球切片

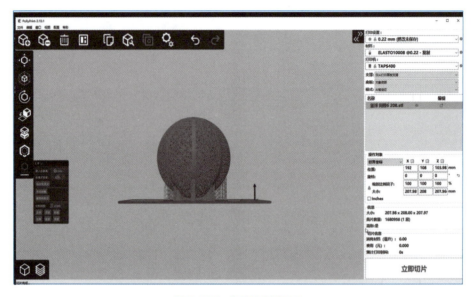

图 2-388　打印切片设置

视　频

篮球打印

5．实施打印与后处理

（1）3D打印机会逐层堆积固化材料，逐渐形成零件实体（见图2-389）。

（2）打印完成后进行酒精清洗（见图2-390）。

（3）放入烘箱烘干（见图2-391）。

（4）最后进行支撑拆除（见图2-392）。

图 2-389　实施打印

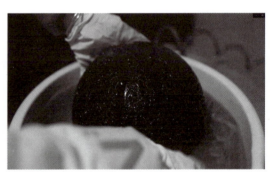

图 2-390　酒精清洗

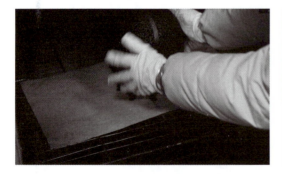

图 2-391　烘箱烘干

图 2-392　支撑拆除

模块三

产品设计及 3D 打印成型案例

模块目标

1. 具备运用3D建模软件完成产品设计的能力。
2. 具备应用方法和资源获取对应模型的能力。
3. 能够运用影像扫描设备完成模型的获取。
4. 能够根据扫描数据完成简单的修复。
5. 具备运用数据并完成打印的能力。

建议学时：8。

学习导图

模块三 产品设计及3D打印成型实践
- 手压吸盘的设计与制作 —— 任务 零件设计与3D打印（手压吸盘）
- 微型台钳的设计与制作 —— 任务 零件设计与3D打印（台虎钳）

单元一 手压吸盘的设计与制作

单元目标

1. 具备运用3D建模软件完成多实体零件的结构设计与绘制。
2. 具备运用3D建模软件完成零件工程图绘制的能力。
3. 具备运用3D建模软件完成模型渲染的能力。
4. 具备模型切片的能力。
5. 具备运用光固化成型打印机打印的能力。
6. 具备打印零件后处理的能力。

建议学时:4。

任务 零件设计与3D打印(手压吸盘)

任务要求

(1)零件设计与装配。阅读设计要求(附录A),查看模型零件和提供的实物零件,完成"手压吸盘"零件的设计。

① 零件将用 3D 打印制造,需符合 3D 打印的特点。
② 设计的产品要求结实、可靠,易于操作。

使用设计的零件,根据提供的实物模型,完成"手压吸盘"模型的装配并保存。

① 总体装配的设计文件保存为step格式,存放到提交文件夹。
② 总体装配按照装配顺序,合理设置爆炸顺序,生成爆炸图一张,彩色,A3横向,要求带BOM表,BOM表包含序号、零件名称和数量三个基本要素。

(2)3D打印和装配验证。将设计的零件使用3D打印机配套的软件生成打印文件。

① 自行设计支撑、摆放方式、层厚等打印参数。
② 切片打印时间不超过 45 min。
③ 以"工位号-3D"的命名方式分别保存打印文件,如"05-3D"。
④ 提交打印文件,完成3D打印。

打印完成后,在规定时间内使用工具对打印件进行去除支撑、表面处理等工作。完成产品的装配和性能测试。

(3)提交文件:

全部数据均存放在个人文件夹内(文件夹命名:姓名 - SJ,如"张三 - SJ")。个人文件夹包括"数据"和"提交"两个子文件夹。

模块三　产品设计及 3D 打印成型案例

① "数据"文件夹：存放所有的原始数据。

② "提交"文件夹：输出的3D打印切片文件、step文件和pdf文件。

（4）考核评价标准：

评 分 项 目	测 量 分	主 观 分	各 项 得 分
逆向或测绘提供件	5	—	
功能件设计	12	—	
总体装配及爆炸图	15	—	
3D 打印切片	5	—	
打印及后处理	—	3	
功能验证	10	—	
总　　　分（满分 50）			

任务实施

1. 吸盘模型三维逆向设计

1）导入文件

选择"快速入门"→"打开"命令，选择需要导入逆向的stl文件（见图3-1）。

图 3-1　导入 stl 文件

2）轮廓线提取

选择"点云"→"截面线"命令，选择需要截取的点云数据（stl模型），再选择合适的平面（见图3-2），最后得到最大轮廓线（见图3-3）。

3）实体建模绘制

选择"造型"→"草图"命令，选择刚刚截取的轮廓平面进入绘制草图，按照所截取的轮廓进行草图绘制（见图3-4），再使用"造型"→"旋转"命令，选择绘制的草图进行实体旋转（见图3-5），使用"造型"→"草图"命令，选择刚刚旋转实体的顶平面绘制六边形轮廓（见图3-6），再使用"造型"→"拉伸"命令，选择刚刚绘制的草图进行拉伸旋转（见图3-7），最后绘制是安装孔，原理同上，使用减运算（见图3-8）。

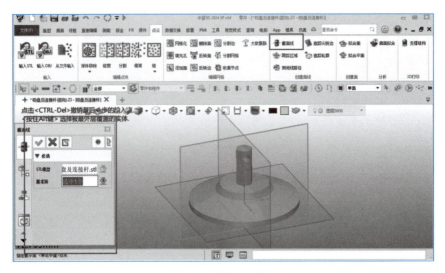

图 3-2　截取 stl 曲线

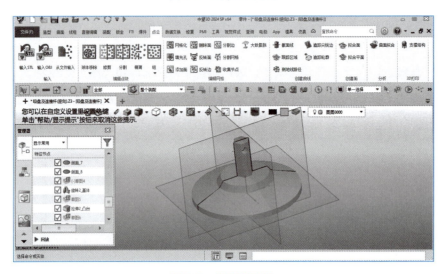

图 3-3　得到截面线

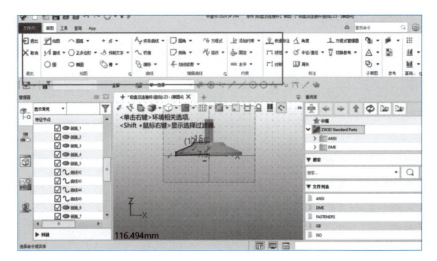

图 3-4　绘制旋转体轮廓

模块三 产品设计及 3D 打印成型案例

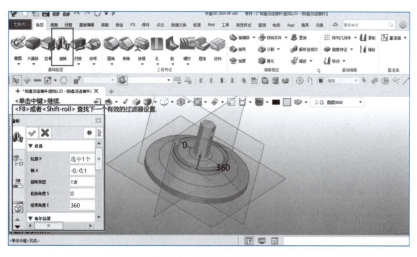

图 3-5　旋转生成实体

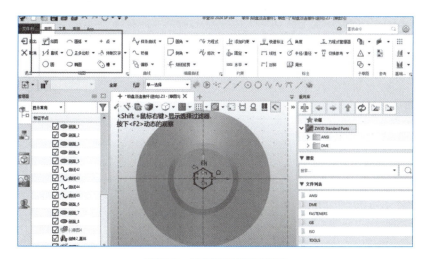

图 3-6　绘制顶面特征草图

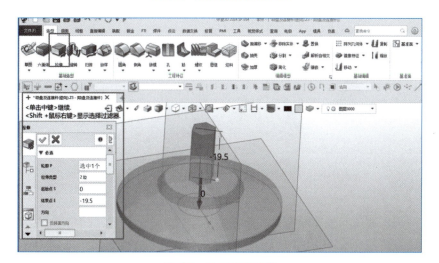

图 3-7　拉伸合并特征

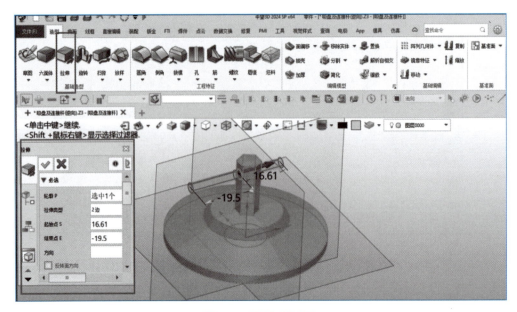

图 3-8　拉伸切除成孔

2. 固定把手模型三维逆向设计

1）导入文件

选择"快速入门"→"打开"命令，选择需要导入逆向的stl文件（见图3-9）。

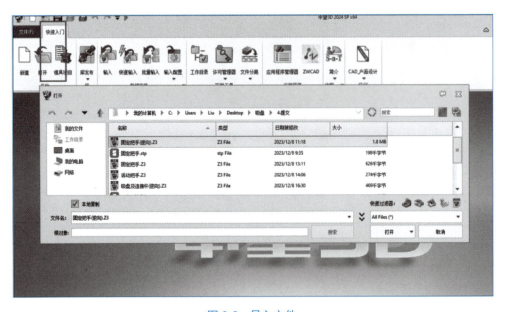

图 3-9　导入文件

2）轮廓线提取

选择"点云"→"截面线"命令，选择需要截取的点云数据（stl模型），再选择合适的平面截取轮廓线（见图3-10），最后得到最大轮廓线（见图3-11）。

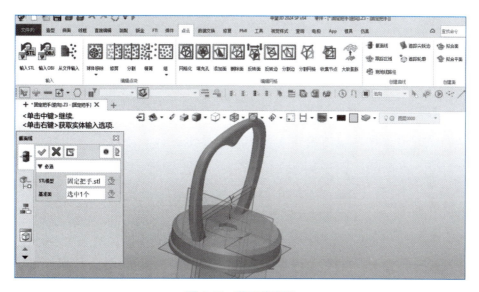

图 3-10　截取轮廓线

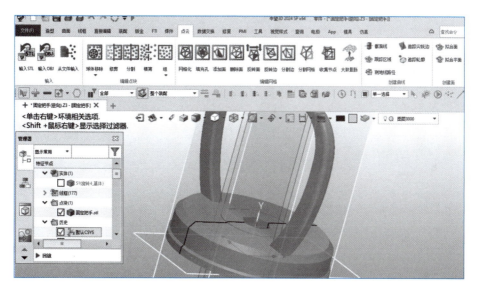

图 3-11　得到最大轮廓线

3）实体建模绘制

选择"造型"→"草图"命令，选择刚刚截取的轮廓平面进入绘制草图，按照所截取的轮廓进行草图绘制（见图3-12），再使用"造型"→"旋转"命令选择刚刚绘制的草图进行实体旋转（见图3-13），使用"点云"→"追踪尖锐边"命令选择需要查询轮廓的stl模型（见图3-14），使用"造型"→"草图"命令分别绘制出两个草图轮廓（见图3-15），再分别进行拉伸叠加和拉伸减运算（见图3-16），使用"造型"→"基准面"命令分别偏移出距离为-2 mm与-4.2 mm的平面（见图3-17），选择-4.2的平面进行"截面线"提取（见图3-18），进入偏移距离为-2 mm的平面绘制草图轮廓（见图3-19），再使用"镜像特征"镜像出另一半的实体模型（见图3-20），最后进行圆角处理（见图3-21），完成模型。

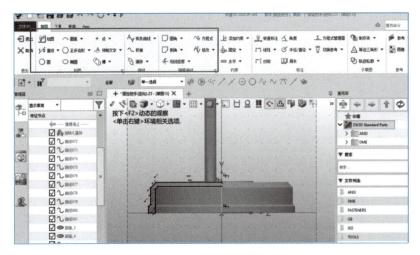

图 3-12　绘制截取轮廓

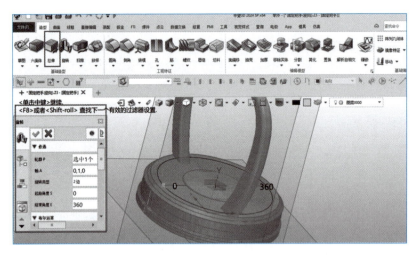

图 3-13　旋转生成截取实体

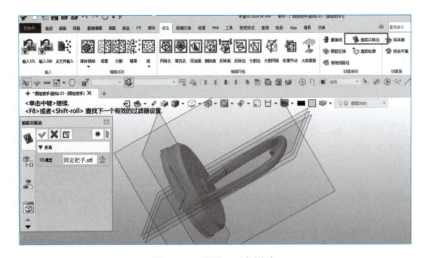

图 3-14　追踪 stl 尖锐边

模块三 产品设计及 3D 打印成型案例 187

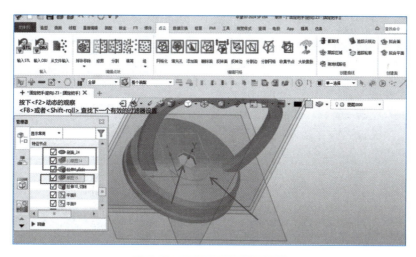

图 3-15 绘制尖锐边草图轮廓

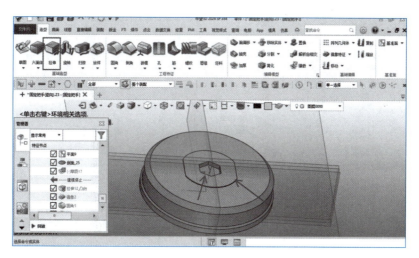

图 3-16 拉伸修改实体

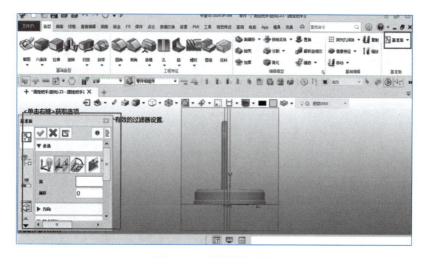

图 3-17 偏移辅助平面

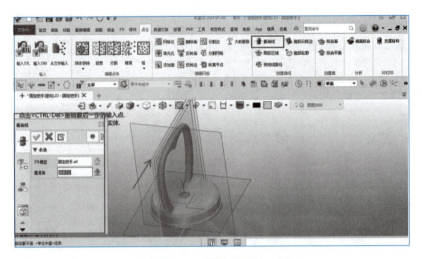

图 3-18　提取截面线

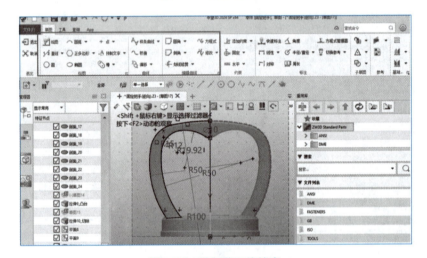

图 3-19　绘制截面线轮廓

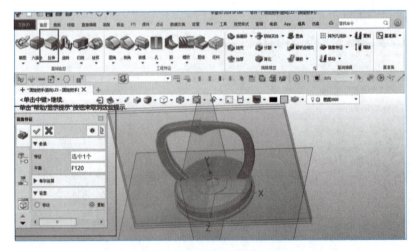

图 3-20　镜像截面线特征

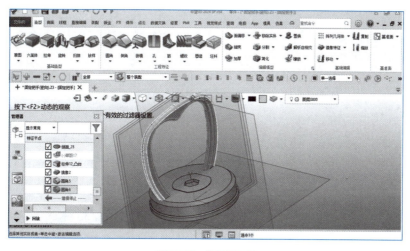

图 3-21　倒圆处理

3. 活动把手模型三维逆向设计

1）辅助装配

选择"装配"→"插入"命令将逆向的两个零件插入进来（见图3-22），再使用"约束"命令将零件固定到合适位置（见图3-23）。

2）零件设计

选择"造型"→"草图"命令，选择合适的平面进入草图（见图3-24），绘制草图时可以根据固定把手的轮廓线作为参考设计，同时也要注意零件的最大尺寸（见图3-25），使用"拉伸"命令分别拉伸出合适的高度和方向（见图3-26），再根据连接杆的安装孔位和需要配合标准件（螺钉、螺母）绘制拉伸出三个轮廓（见图3-27），对活动把手最底部接触面进行圆角处理，这里的"圆角"起到旋转过渡作用，必须处理（见图3-28），最后右击实体模型，在弹出的快捷菜单中选择"提取造型"命令，并修改名称为活动把手（见图3-29、图3-30），这样就可以得到一个单独的模型。

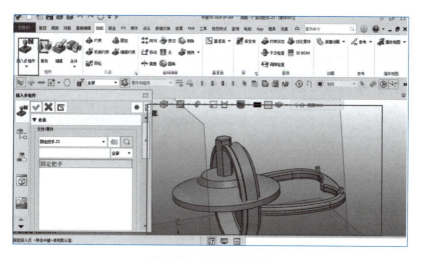

图 3-22　插入逆向零件

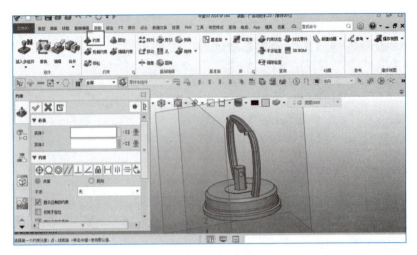

图 3-23 装配逆向零件

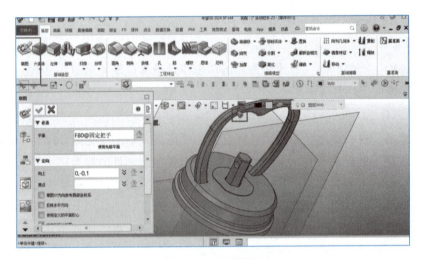

图 3-24 创建草图

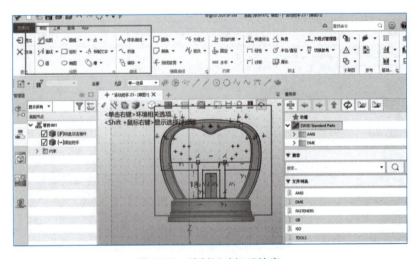

图 3-25 绘制活动把手轮廓

模块三 产品设计及 3D 打印成型案例 191

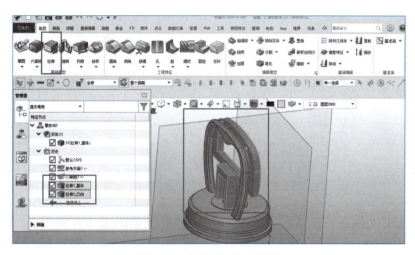

图 3-26　拉伸活动把手造型

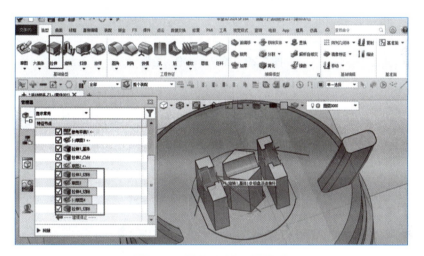

图 3-27　设计活动把手配合孔

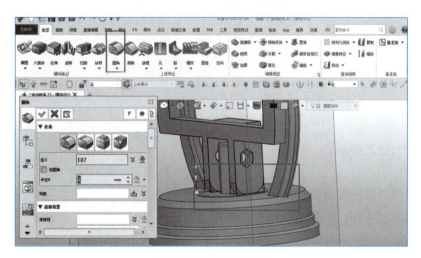

图 3-28　倒圆角处理

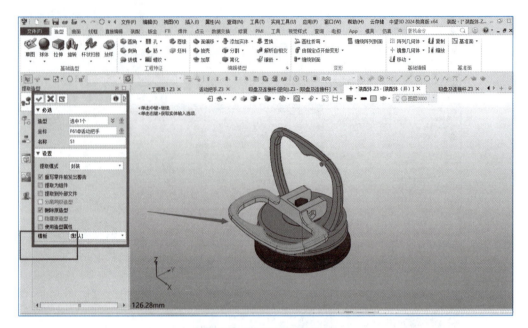

图 3-29　提取活动把手造型

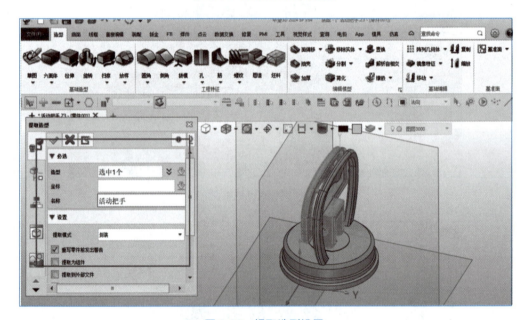

图 3-30　提取造型设置

4. 模型二维工程图

选择"布局"→"标准"命令，摆放出合理的零件视图（全剖视图等）（见图3-31），轴测图、爆炸视图需要通过高级设置放置（见图3-32），使用"标注"→"尺寸"命令完成工程图的尺寸标注（见图3-33），使用"标注"→"自动气泡"命令添加序号（见图3-34），最后使用"布局"→"BOM表"命令完成明细表设置放置在适合的地方（见图3-35）。

模块三 产品设计及3D打印成型案例 193

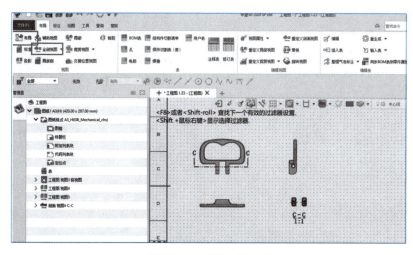

图 3-31 摆放零件视图

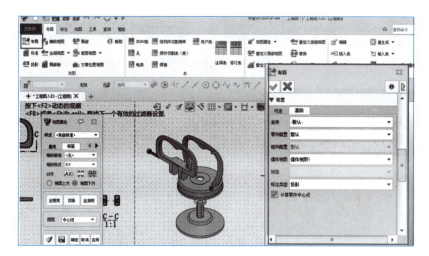

图 3-32 爆炸视图设置

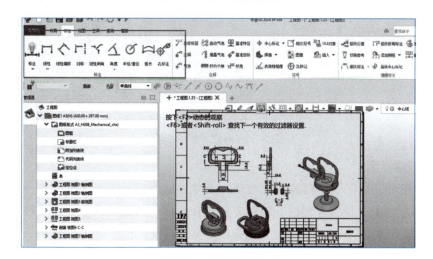

图 3-33 标注视图尺寸

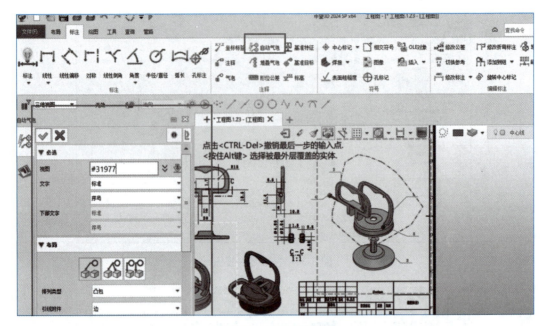

图 3-34　标注零件序号

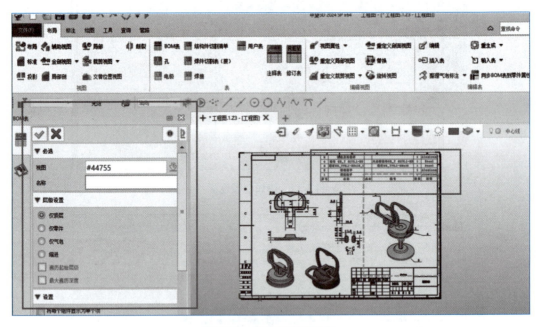

图 3-35　标注零件明细表

5. 模型渲染图

选择"视觉样式"→"面属性"命令，给零件赋予颜色设置，同时也可以添加材料特性（见图3-36），设置合理的光源使零件更加真实（见图3-37），进行产品渲染（见图3-38），最后使用"捕捉"命令输出渲染图（见图3-39）。

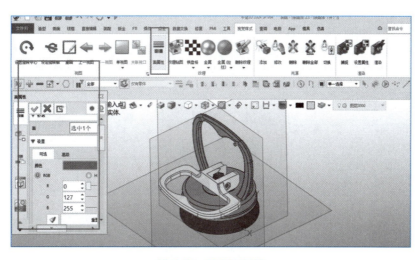

图 3-36　设置面属性

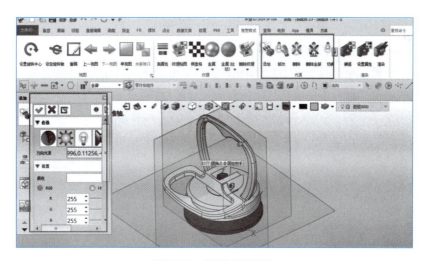

图 3-37　设置光源属性

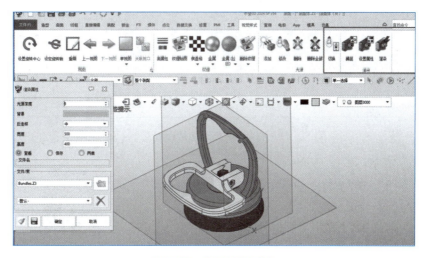

图 3-38　设置渲染属性

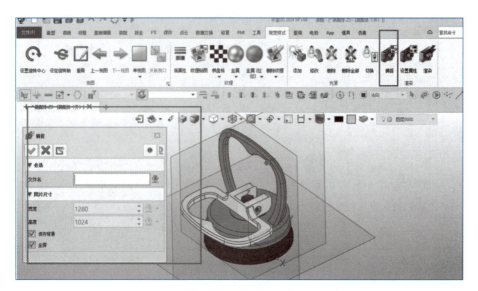

图 3-39　输出渲染图

6. 打印前处理——模型切片

打印切片设置：根据材料和3D打印机的特性，设置打印参数，包括层厚、填充密度、打印速度等（见图3-40）并发送至打印机打印（打印时间：1 h 6 min）。

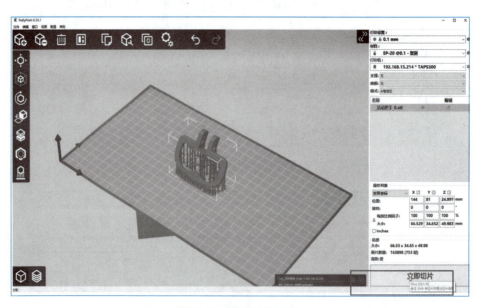

图 3-40　打印切片设置

视　频

吸盘及连接杆切片

视　频

固定把手切片

视　频

活动把手切片

7. 实施打印与后处理

（1）3D打印机会逐层堆积固化材料，逐渐形成零件实体（见图3-41）。

（2）打印完成后拆除支撑（见图3-42）。

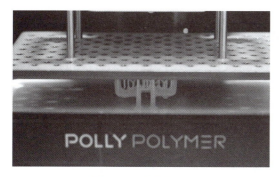

图 3-41　实施打印

图 3-42　拆除支撑

（3）进行酒精清洗（见图3-43）。

（4）酒精清洗结束后进行紫外线固化（见图3-44）及打磨。

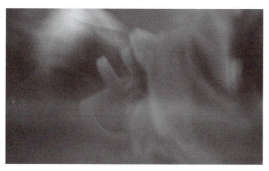

图 3-43　酒精清洗

图 3-44　紫外线固化

视　频

吸盘及连接杆打印

视　频

固定把手打印

视　频

活动把手打印

单元二
微型台钳的设计与制作

单元目标

1. 具备运用3D建模软件完成多实体零件的结构设计与绘制。
2. 具备运用3D建模软件完成零件工程图绘制的能力。
3. 具备运用3D建模软件完成模型渲染的能力。
4. 具备模型切片的能力。
5. 具备运用光固化成型打印机打印的能力。
6. 具备打印零件后处理的能力。

建议学时：4。

任务　零件设计与 3D 打印（台虎钳）

任务要求

（1）零件设计。阅读设计要求（见附录B），查看和测量提供的实物零件，完成"活动钳口"零件的设计。

① 零件将用 3D 打印制造，需符合 3D 打印的特点。

② 提供的螺母为可选件，在满足调整功能的前提下，自行确定是否使用。

（2）3D打印和装配验证。将设计的零件使用3D打印机配套的软件生成打印文件。

① 自行设计支撑、摆放方式、层厚等打印参数。

② 打印时间不超过3 h。

③ 以"工位号-3D"（自己抽签工位的两位数字）的命名方式保存打印文件，如："05-3D"。

④ 比赛结束后提交打印文件，完成 3D 打印。

打印完成后，在规定时间内使用工具对打印件进行去除支撑、表面处理等工作。对处理后的打印件完成产品的装配和性能测试。

（3）提交文件：

全部数据均存放在个人文件夹内（文件夹命名：姓名 - SJ，如"张三 - SJ"），共包含两个子文件夹：

① "数据"文件夹：存放所有的原始数据；

② "提交"文件夹：输出的3D打印切片文件、step文件和pdf文件。

（4）考核评价标准：

评 分 项 目	测 量 分	主 观 分	各项得分
逆向或测绘提供件	5	—	
功能件设计	12	—	
总体装配及爆炸图	15	—	
3D打印切片	5	—	
打印及后处理	—	3	
功能验证	10	—	
总　　　分（满分50）			

任务实施

1. 固定钳身三维逆向设计

1）导入文件

选择"快速入门"→"打开"命令，选择需要导入逆向的STL文件（见图3-45）。

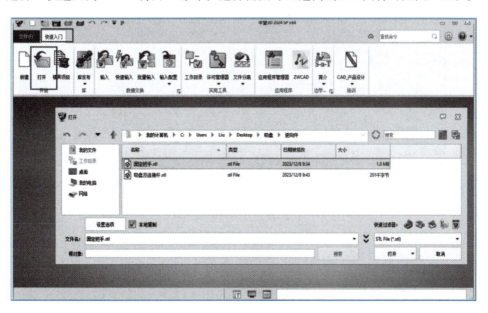

图3-45　导入逆向STL

2）轮廓线提取及基准面偏移

选择"点云"→"追踪尖锐边"命令，选择需要提取的点云数据（STL模型），最后得到最大轮廓线（见图3-46、图3-47），使用基准面偏移出最大距离辅助面（见图3-48）。

3）实体建模绘制

选择"造型"→"草图"命令，进入刚刚偏移出来的平面进行草图绘制（见图3-49）。在绘制时轮廓会自动吸附，所以不需要标注尺寸，使用"拉伸"命令把图3-49的轮廓拉伸到合适的位置（见图3-50），后面的轮廓特征都是按照图3-49图3-50的方法绘制（见图3-51～图3-54），得到最终模型（见图3-55）。

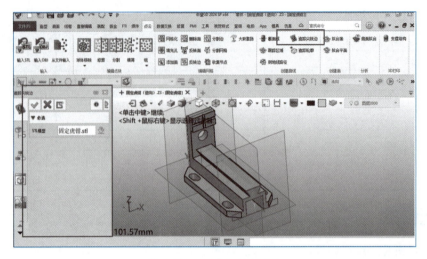

图 3-46　追踪数据尖锐边

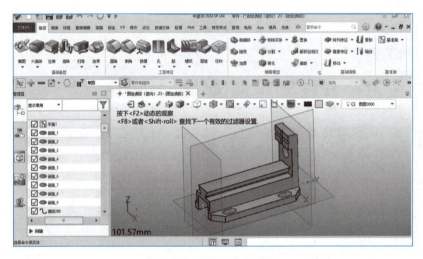

图 3-47　得到最大轮廓线

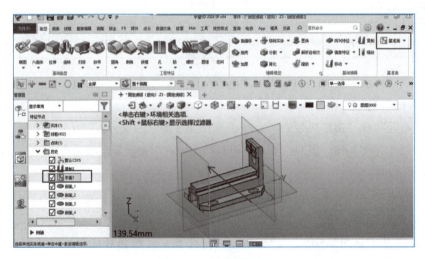

图 3-48　创建辅助面

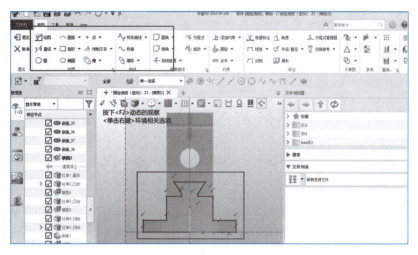

图 3-49　绘制导轨轮廓线

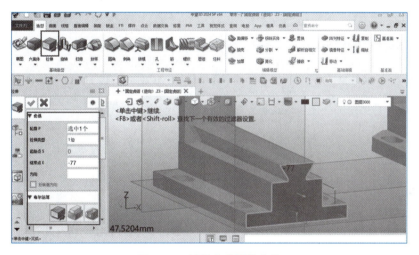

图 3-50　拉伸生成导轨实体

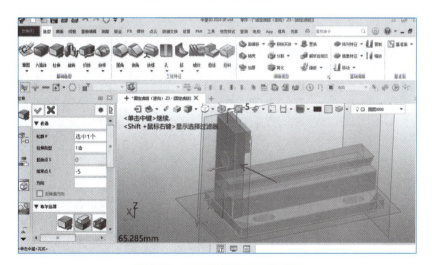

图 3-51　绘制草图拉伸左侧造型

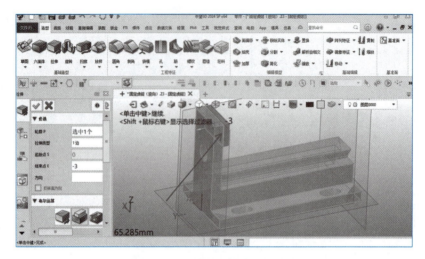

图 3-52　绘制草图拉伸板上造型

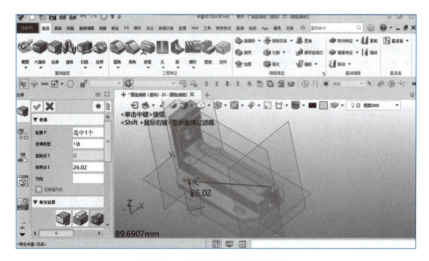

图 3-53　绘制草图切除槽特征

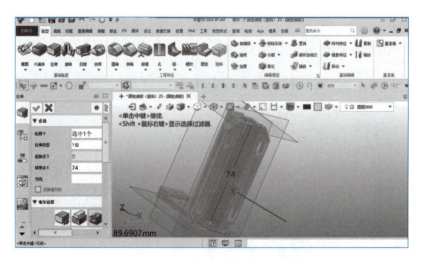

图 3-54　绘制草图切除导轨特征

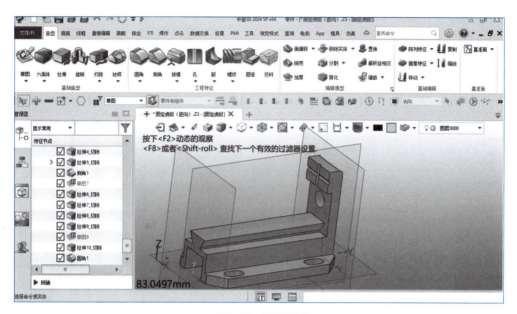

图 3-55　逆向完成

2. 把手模型三维逆向设计

1）导入文件

选择"快速入门"→"打开"命令，选择需要导入逆向的STL文件（见图3-56）。

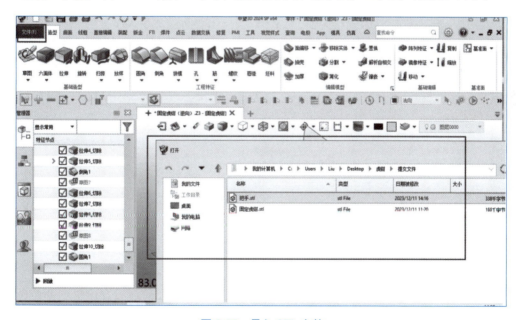

图 3-56　导入 STL 文件

2）轮廓线提取

选择"点云"→"追踪尖锐边"命令，选择需要提取的点云数据（STL模型）最后得到最大轮廓线（见图3-57、图3-58）。

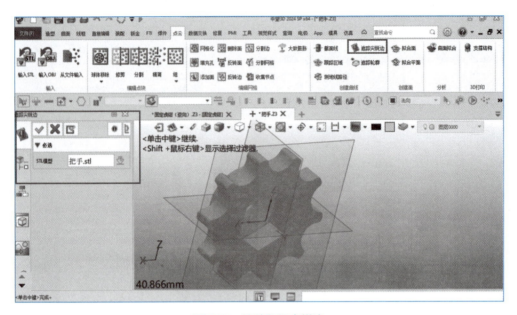

图 3-57　追踪数据尖锐边

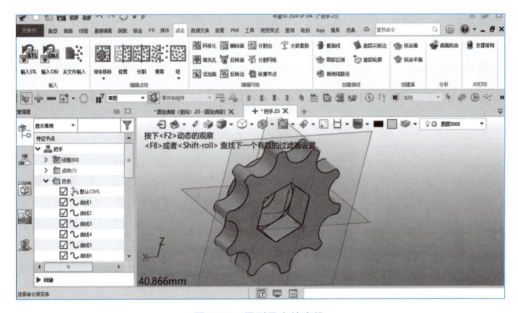

图 3-58　得到最大轮廓线

3）实体建模绘制

选择"造型"→"草图"命令，进入模型底平面，参考几何体投影出模型的轮廓线（见图3-59），右击刚刚投影出来的轮廓线切换类型到实体型（见图3-60），使用"拉伸"命令把轮廓线拉伸到与点云数据一样的高度（见图3-61），后面的轮廓绘制和上面同理先投影后拉伸（见图3-62）。如图3-63、图3-64所示，使用拉伸减运算，使用"倒角"命令选择边线（见图3-65），最后隐藏多余的数据如草图、轮廓线等（见图3-66）。

模块三 产品设计及 3D 打印成型案例　205

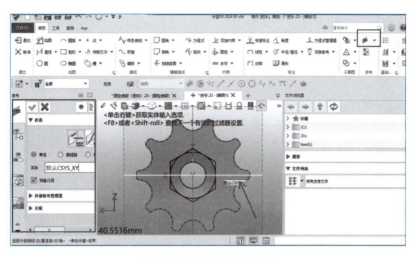

图 3-59　参考零件外轮廓

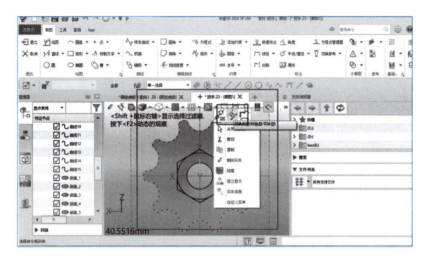

图 3-60　转换参考线

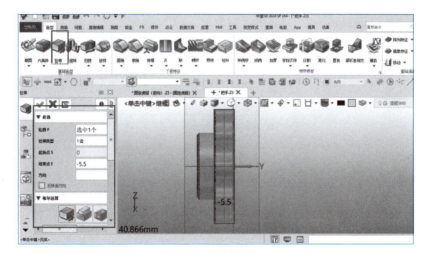

图 3-61　拉伸参考轮廓

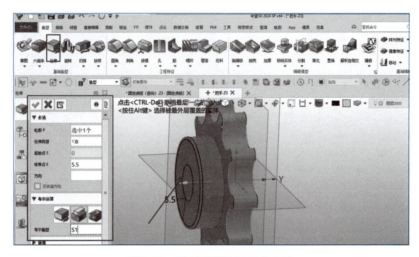

图 3-62　绘制草图拉伸凸台实体

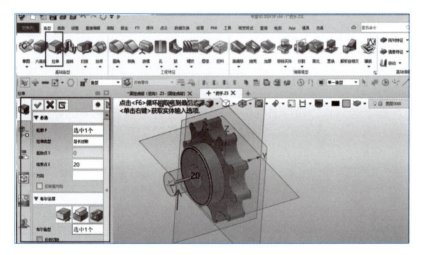

图 3-63　绘制草图切除孔特征

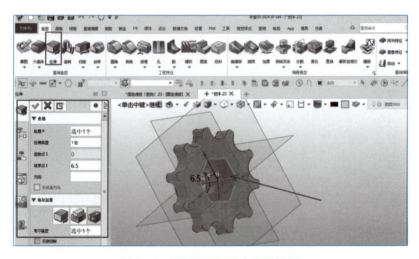

图 3-64　绘制草图切除内六角特征

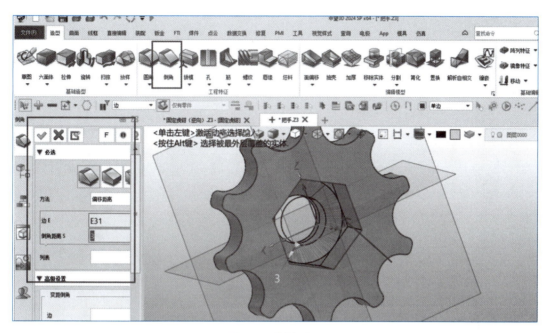

图 3-65 倒角处理

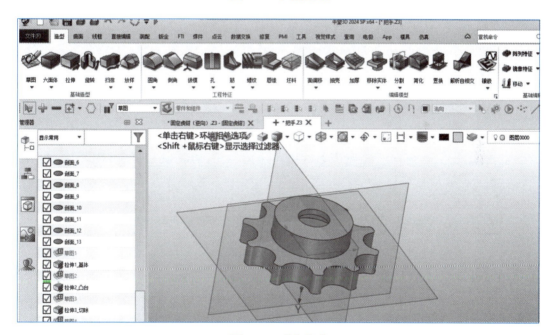

图 3-66 逆向完成

3. 活动钳身模型三维设计

1) 辅助装配

选择"装配"→"插入"命令插入逆向的两个零件(见图3-67),再使用"约束"命令将零件固定到合适位置(见图3-68)。

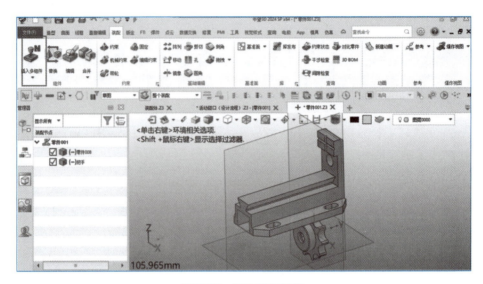

图 3-67　插入逆向零件

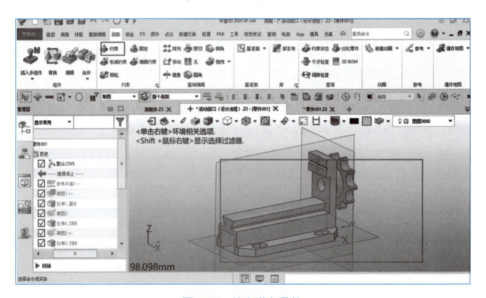

图 3-68　约束逆向零件

2）零件设计

选择"造型"→"草图"命令,选择固定虎钳的夹持面创建草图(见图3-69),绘制出活动钳口的整体轮廓。在燕尾槽的地方留合理间隙(见图3-70),使用"拉伸"命令选择合适的距离(见图3-71),修改外形轮廓(见图3-72),绘制夹持面牙形,参考固定虎钳统一的特征(见图3-73、图3-74)。进入侧面视图绘制镂空草图,按照2 mm的薄壁特征结构进行设计(见图3-75)。再次进入侧面视图绘制螺母固定轮廓,绘制成45°夹角特征,打印时可有效避免添加支撑,特征壁厚同样是2 mm(见图3-76、图3-77)。参考固定螺钉的过孔,给活动钳口增加过孔特征(见图3-78),最后右击实体,选择"提取造型"命令,分离出单独的模型(见图3-79、图3-80)。

模块三 产品设计及3D打印成型案例 209

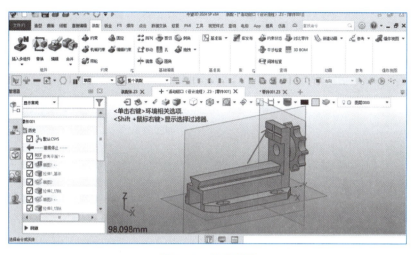

图 3-69 创建草图

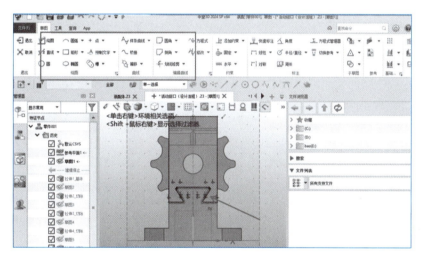

图 3-70 绘制导轨轮廓

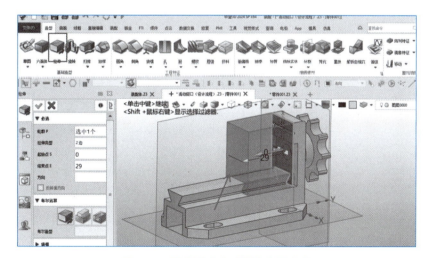

图 3-71 拉伸轮廓生成固定虎钳实体

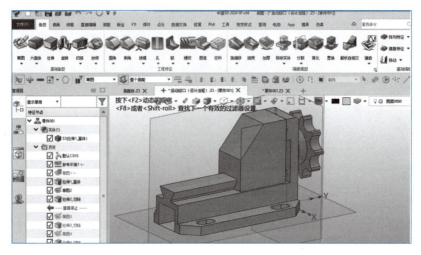

图 3-72　修改固定虎钳外形

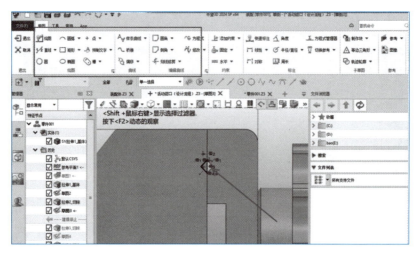

图 3-73　绘制压型轮廓

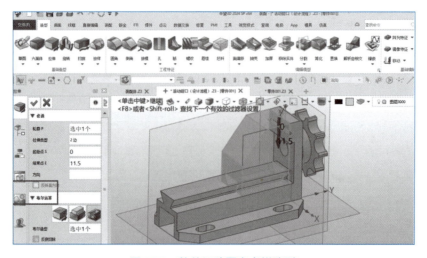

图 3-74　拉伸切除固定虎钳造型

模块三 产品设计及3D打印成型案例 211

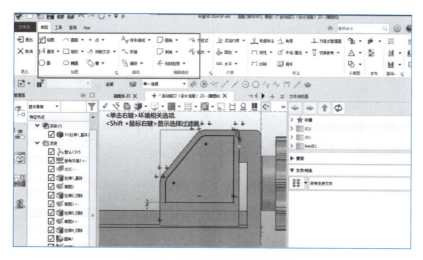

图 3-75 绘制固定虎钳镂空轮廓

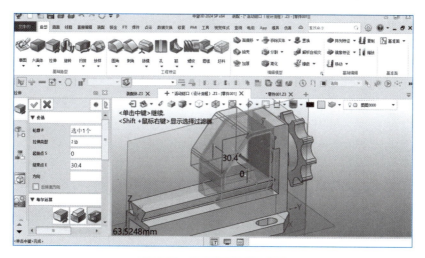

图 3-76 拉伸切除固定虎钳

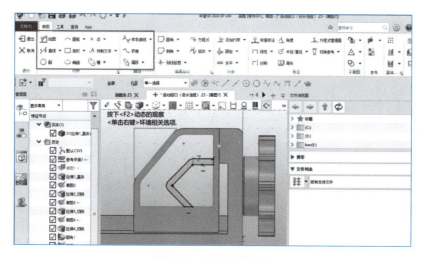

图 3-77 绘制薄壁轮廓

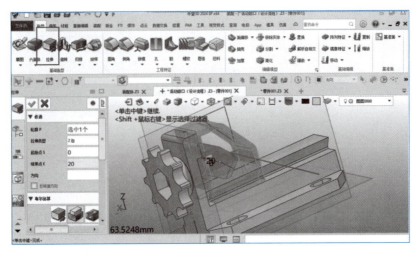

图 3-78　拉伸薄壁实体

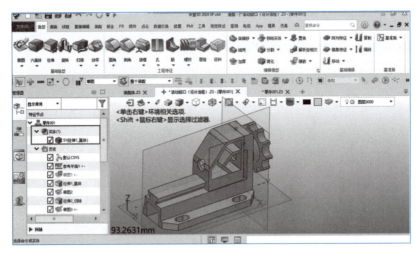

图 3-79　提取固定虎钳造型

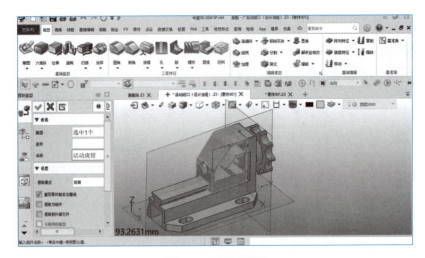

图 3-80　提取设置

4. 模型二维工程图

选择"布局"→"标准"命令，摆放出合理的零件视图（全剖视图等）（见图3-81），再用"标注"→"尺寸"命令，完成工程图的尺寸标注（见图3-82）。轴测图、爆炸视图需要通过高级设置进行放置（见图3-83、图3-84），使用"标注"→"自动气泡"命令添加序号（见图3-85），最后使用"布局"→"BOM表"命令将明细表放置在适合的地方（见图3-86）。

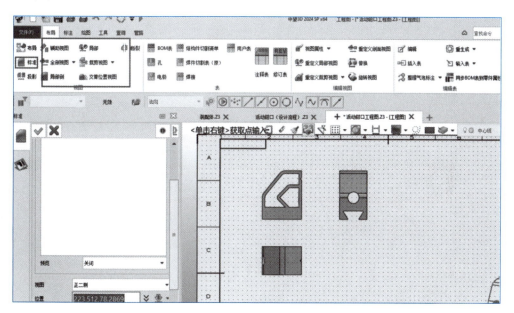

图 3-81　摆放零件视图

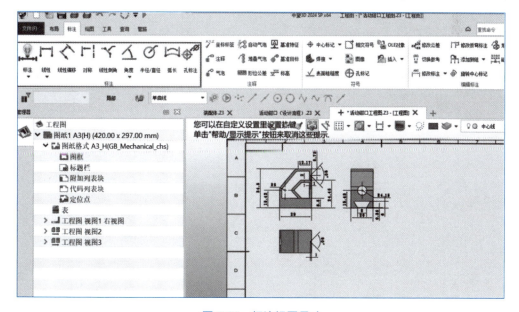

图 3-82　标注视图尺寸

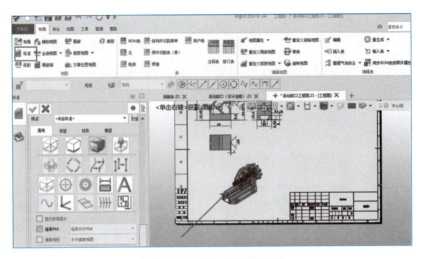

如图 3-83　添加零件轴测图

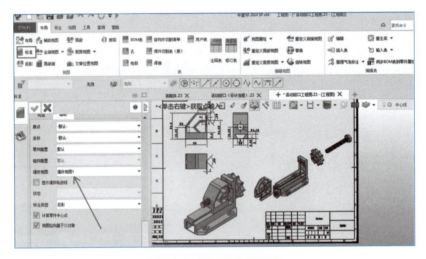

图 3-84　添加零件爆炸图

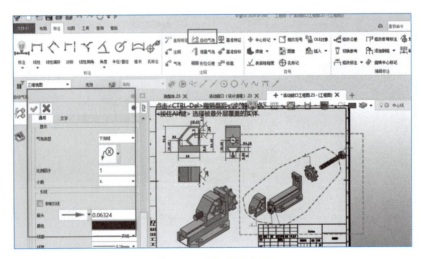

图 3-85　添加零件序号

模块三　产品设计及 3D 打印成型案例　　215

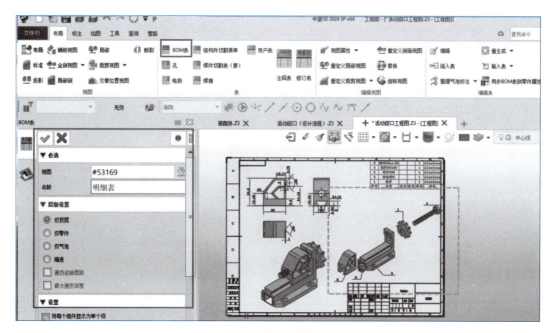

图 3-86　添加零件明细表

5．模型渲染图

选择"视觉样式"→"面属性"命令，给零件赋予颜色设置，同时也可以添加材料特性（见图3-87），设置合理的光源使零件更加真实（见图3-88），进行产品渲染（见图3-89）。最后使用"捕捉"命令输出渲染图（见图3-90）。

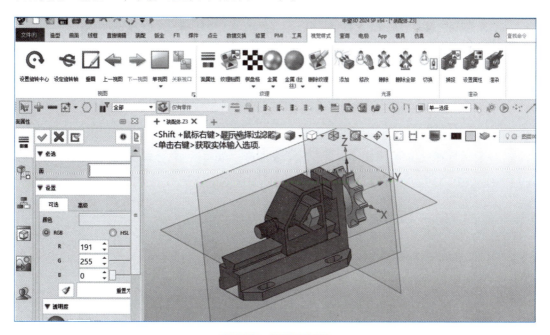

图 3-87　设置面属性

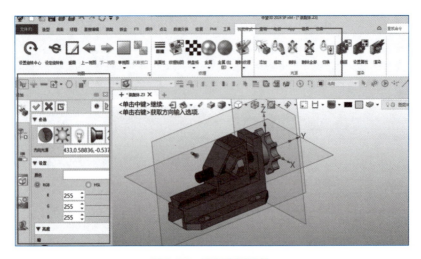

图 3-88　设置光源属性

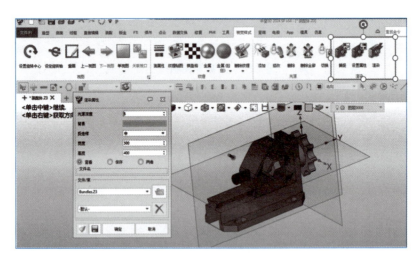

图 3-89　设置渲染属性

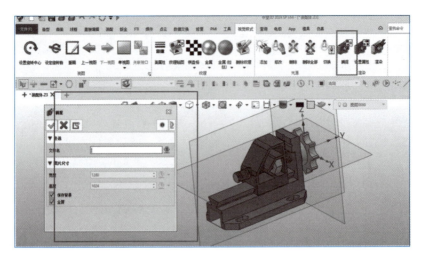

图 3-90　输出渲染图

6. 打印前处理——模型切片

打印切片设置：根据材料和3D打印机的特性，设置打印参数，包括层厚、填充密度、打印速度等（见图3-91、图3-92）并发送至打印机打印。

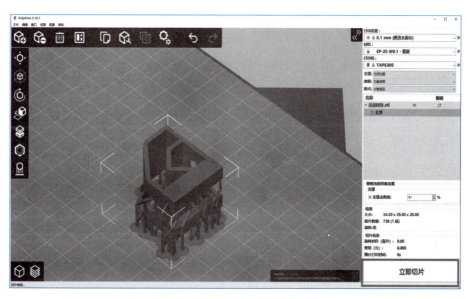

图 3-91　打印切片设置（打印时间：35 min）

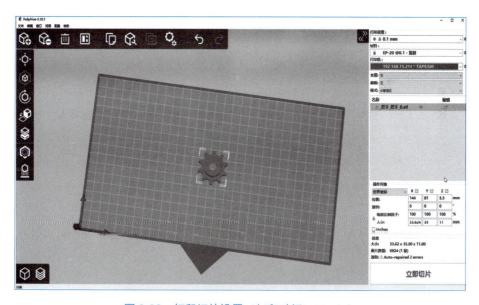

图 3-92　打印切片设置（打印时间：15 min）

固定钳身切片

把手切片

活动钳身切片

7. 实施打印与后处理

（1）3D打印机会逐层堆积固化材料，逐渐形成零件实体（见图3-93）。

（2）打印完成后取件和拆除支撑（见图3-94、图3-95）。

（3）进行酒精清洗（见图3-96）。

（4）进行紫外线固化（见图3-97）及打磨。

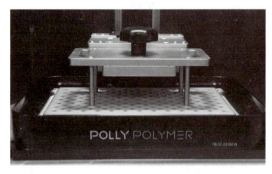

图 3-93　实施打印

图 3-94　取件

图 3-95　拆除支撑

图 3-96　酒精清洗

图 3-97　紫外线固化

固定钳身打印

把手打印

活动钳身打印

附　　录

附录 A　手压吸盘的设计要求

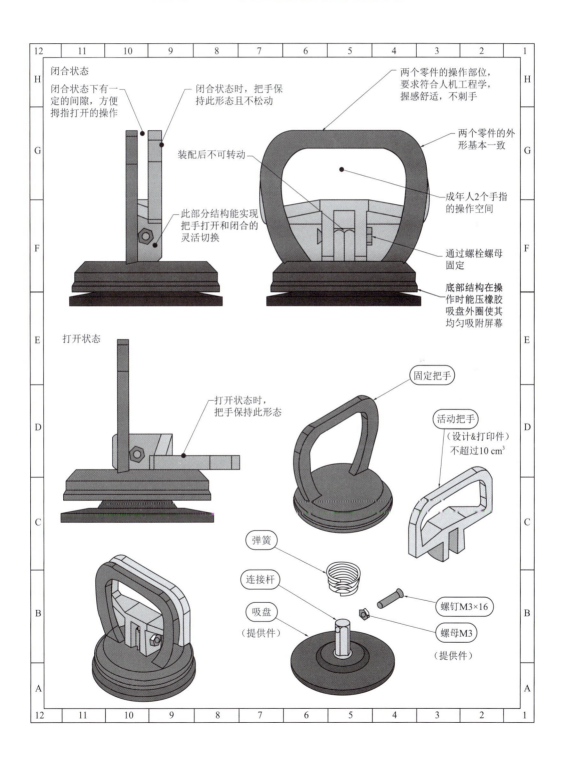

附录 B　微型台钳的设计要求

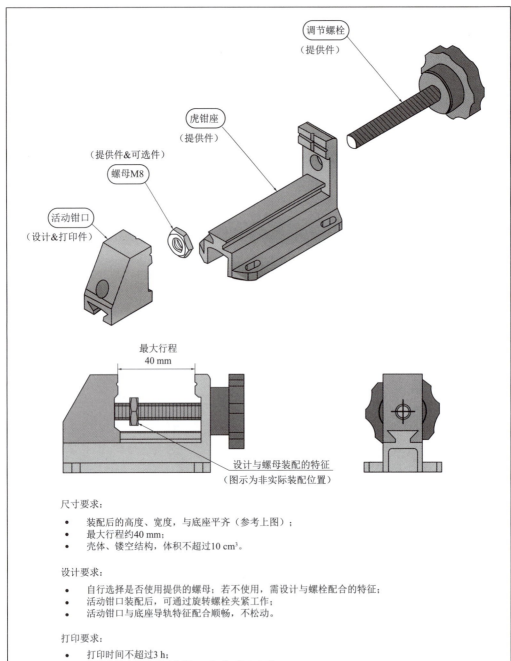

尺寸要求：

- 装配后的高度、宽度，与底座平齐（参考上图）；
- 最大行程约 40 mm；
- 壳体、镂空结构，体积不超过 10 cm³。

设计要求：

- 自行选择是否使用提供的螺母；若不使用，需设计与螺栓配合的特征；
- 活动钳口装配后，可通过旋转螺栓夹紧工作；
- 活动钳口与底座导轨特征配合顺畅，不松动。

打印要求：

- 打印时间不超过 3 h；
- 打印文件命名为"工位号-3D"，如"05-3D"。

附录 C TAPS300 光固化 3D 打印机用户手册

TAPS300光固化3D打印机如附图C-1所示。

附图 C-1

注意事项：

1. 在通读本手册之前请勿操作打印机，已阅读手册的操作人员在充分了解设备的情况下可执行3D打印机工作任务。

2. 不满18岁的操作人员必须在监督下执行操作。

3. 在取出打印部件时应穿戴防护服、橡胶手套以及UV防护眼镜，以避免打印树脂溅到衣服或皮肤上。

4. 手或身体的任何部位接触到树脂后，请立即用清洗液清洗干净。

5. 皮肤接触打印材料可能致敏，对皮肤产生刺激。如材料接触皮肤，应立即脱去沾染的衣物鞋袜，使用香皂与冷水彻底清洗。如皮肤出现刺激症状，则需就医。

6. 非专业人员严禁擅自打开机器内部，以避免可能存在的UV辐射或者高压危险。

7. 切勿混合不同型号的光敏树脂，会导致两种材料都不起作用。

一、TAPS300光固化3D打印机简介

TAPS300光固化3D打印机是博理科技最新开发的高速3D打印机。

它集材料科学、光学、计算机技术、机械自动化为一体，突破了传统3D打印的局限，重塑了制造和设计边界的自由度。在满足大规模工业生产对速度、质量和成本要求的同时，为未来制造带来无限可能。

附表 C-1

设 备 参 数	数 据	设 备 参 数	数 据
构建体积	288 mm × 162 mm × 380 mm	打印速度	基于模型
分辨率	75 μm	光源系统	4K UV LED
分离技术	HALS 高速分离技术	波 长	385 ～ 405 nm
树脂材料	光敏树脂	机器尺寸	700 mm × 600 mm × 1800 mm
重 量	200 kg	支持文件格式	stl、obj、tps

（一）结构简介

TAPS300光固化3D打印机的结构如附图C-2所示。

附图 C-2

① 打印平台：承载打印模型的部件。

② 丝杆：控制打印平台上升下降。

③ 料槽：盛放打印材料的部件。

④ 触摸屏：显示打印进度和状态。

（二）配件介绍

TAPS300光固化3D打印机配件如附图C-3所示。

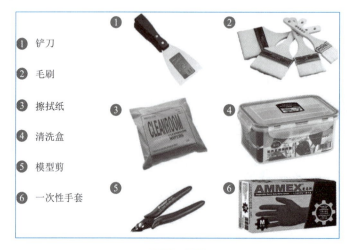

附图 C-3

二、TAPS300 光固化 3D 打印机使用准备

(1)将电源线插入机身后的电源插口,并将插头接入220 V电源,即可开机。
(2)在树脂槽内倒入适量树脂,注意不要超过树脂槽深度的2/3,防止溢出。

三、开始打印

(1)为模型添加支撑并导出(见附图C-4)。

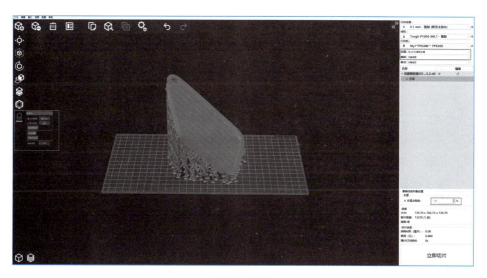

附图 C-4

(2)打开软件PollyPrint。
(3)打开加好支撑并导出的文件(见附图C-5)。

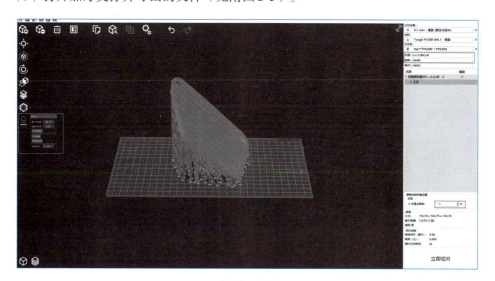

附图 C-5

(4)设置打印参数(见附图C-6)。

附图 C-6

（5）选择相应的打印机，单击"立即切片"按钮（见附图C-7）。

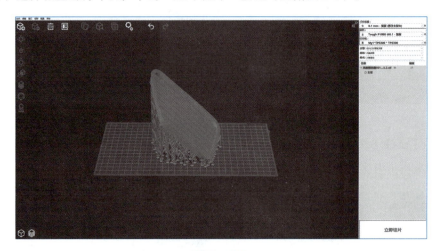

附图 C-7

（6）单击"发送到打印机"按钮（见附图C-8）。

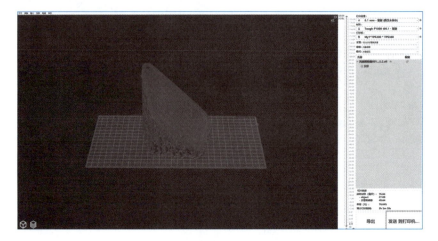

附图 C-8

（7）输入打印文件名称（见附图C-9）。

（8）上传成功后，软件会弹出远程打印操控网页界面。

（9）在任务列表中找到打印文件名称，单击"▶"按钮即可进行打印（见附图C-10）。

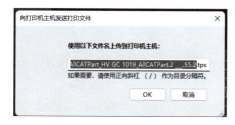

附图　C-9

附图　C-10

确保树脂槽内无异物和残渣，否则会损坏打印平台和树脂槽。

四、打印后处理

（一）移除模型

（1）打印完成后等待平台升高，稍微用力向上抬起打印平台并取下。

（2）用铲刀将打印平台上的打印件铲下。

注意：平台取出后检查树脂槽内是否有模型碎片，尤其是当模型打印失败时；如有碎片需要将树脂过滤取出碎片。

（二）清洗模型

（1）将取下的模型放入浓度95%以上的酒精中清洗，并用毛刷轻刷表面。使用超声波清洗机效果更佳。注意不要超过2 min，否则会影响模型的性能。

（2）用水冲洗掉模型上的酒精。

（3）吹干或晾干模型。

（三）去除支撑

用手轻轻将支撑从模型上剥离，如支撑强度太大可使用模型剪从根部剪断。

五、常见问题与故障处理（见附表C-2）

附表　C-2

现　　象	原　　因	解决办法
模型从打印平台脱落	底层固化时间短	增加底层固化时间
	平台没有压紧树脂槽	重新调平打印平台
打印中出现平台一边能打印，一边不能打印的情况	打印平台不平	重新调平打印平台
	料槽内有残渣	清理树脂槽
	树脂槽内的离型膜属于耗材，有使用寿命，需要更换	更换离型膜
打印的细节不明显/小孔被堵住	打印完成之后尽快将模型取下来，用UV后固化；之前必须先用气枪将小孔里面残留的液体吹掉	